职业教育焊接技术应用专业改革创新规划教材

焊接基本操作技能

主　编　曾　艳　付大春

副主编　靳　力　王　婵　吴　博

参　编　刘莉玲　段红云　刘　义

　　　　刘　军　何正文　汪丽华

电子工业出版社

Publishing House of Electronics Industry

北京 · BEIJING

内 容 简 介

本书以焊接基本操作技能为主线，从职业教育的实际需要出发，根据现代职业学校学生的认知能力的要求编写，其内容包括：气焊、气割、手工电弧焊、CO_2气体保护焊、手工钨极氩弧焊等。

本书具有行业针对性强和注重实用性的特点，采用国家最新标准，对焊工操作手法、操作过程和操作技巧以及工艺步骤等方面进行了系统的介绍。本书是各类焊接人员、各行业的焊接修理人员实际操作的工具用书，同时也可作为各类职业院校焊接技术相关专业教材用书，也可以作为金属焊接技术的培训教材。

图书在版编目 (CIP) 数据

焊接基本操作技能/ 曾艳，付大春主编. —北京：电子工业出版社，2017.8

ISBN 978-7-121-31946-4

I. ①焊… II. ①曾… ②付… III. ①焊接工艺－教材 IV. ①TG44

中国版本图书馆 CIP 数据核字（2017）第 139708 号

策划编辑：张 凌

责任编辑：张 凌

印　　刷：北京盛通数码印刷有限公司

装　　订：北京盛通数码印刷有限公司

出版发行：电子工业出版社

　　　　　北京市海淀区万寿路 173 信箱　　邮编：100036

开　　本：787×1092　1/16　印张：13.5　字数：345.6 千字

版　　次：2017 年 8 月第 1 版

印　　次：2025 年 1 月第 3 次印刷

定　　价：30.00 元

凡所购买电子工业出版社图书有缺损问题，请向购买书店调换。若书店售缺，请与本社发行部联系，联系及邮购电话：（010）88254888，88258888。

质量投诉请发邮件至zlts@phei.com.cn，盗版侵权举报请发邮件至dbqq@phei.com.cn。

本书咨询联系方式：（010）88254583，zling@phei.com.cn。

前　言

　　随着现代制造技术的迅速发展,焊接技术在制造业、建筑业生产中所占的分量越来越大。焊接技术的不断发展,开创了金属焊接技术的新篇章,但焊接技术人员相对匮乏、焊接操作不规范等问题直接影响着产品的质量。为提高焊接质量,以适应当前社会的需要,特编写本书。

　　本书共分五项具体内容,从焊工必须掌握的基础知识入手,力求突出焊工职业能力,深入浅出地对气焊、气割、手工电弧焊、CO_2 气体保护焊和手工钨极氩弧焊等各种不同的焊接技术进行了讲解,并结合生产应用实例进行剖析,从易到难,逐步深入,将理论和实践灵活地结合在一起,达到理论和技能与生产实际结合的效果,以满足不同基础读者的需求,使读者可在短期内从中学习到最基本最实用的焊接技术,以期达到快速上手的学习目的。

　　本书在编写过程中从职业教育的实际需要出发,兼顾职业学校学生的认知能力,遵从"淡化理论、够用为度"的原则安排课程结构与内容,落实"工学结合、校企结合"的新教学模式,以介绍焊接操作步骤和方法为重点,突出职业能力,并通过图表,将各工种操作技能步骤中复杂的结构与细节知识简单清晰化,有利于读者的理解和掌握。

　　本书由曾艳、付大春担任主编,靳力、王婵、吴博担任副主编,参加编写的还有刘莉玲、段红云、刘义、刘军、何正文、汪丽华。

　　由于时间仓促,经验不足,书中缺陷和疏漏在所难免,恳请广大读者给予批评指正,以利提高。

编　者

目 录

导 学 篇

焊接是金属加工的主要方法之一，它是一种连接方法，是将两个或两个以上的焊件在外界某种能量的作用下，借助于各焊件接触部位原子间的相互结合力连接成一个不可拆除的整体的一种加工方法。

一、课程任务与要求

"焊工基本操作技能"是焊接专业的基础课程，其目的是配合专业教学实习，使学生在掌握焊接基本操作技能的同时，初步掌握与实习有关的基本理论，并对本专业所涉及的生产领域与知识范畴有一个明确和较全面的了解。根据课程开发的目的和教学计划的总体安排，考虑到学生的认知能力和学校的办学条件，教材在内容的安排上做了适当的调整。通过本课程的学习，应达到以下具体要求。

① 了解常用焊接设备的种类、型号、结构、工作原理和使用规则及维修保养方法。

② 了解常用焊接方法的原理、特点及应用范围。

③ 熟悉常用焊接材料的分类、牌号和选择原则。

④ 掌握焊件各种位置焊接操作的技术方法，能对工件进行质量分析，并提出预防质量问题的措施。

⑤ 具有安全生产知识和文明生产的习惯。

⑥ 养成良好的职业道德。

⑦ 掌握如何节约生产成本，提高生产效率，保证产品质量。

二、本书的特点

本书内容与生产实际联系紧密，主要是全面培养学生操作技能、技巧，具有以下特点。

① 在教师示范指导下（如图 0-1 所示），学生经过观察、模仿、反复练习，从而获得基本操作技能。

② 要经常分析自己的操作动作和实训的综合效果，善于总结经验，改进操作方法。注意知识的实际应用，特别注意用教材中的基本知识解决实际中遇到的问题。

③ 处理好理论与实践的关系，防止脱离现有知识水平进行过多、过深的理论探讨，追求理论完整性的倾向。通过科学化、系统化和规范化的基本训练，让学生全面地进行基本功的练习。

④ 参与生产实践，并仔细观察，积极思考。通过生产实践，能"真刀真枪"地练出真本领，并创造出一定的经济效益。

图 0-1　示范教学

⑤ 技能训练与生产实际相结合，在整个技能教学过程中都要教育学生树立安全操作和文明生产的意识。

三、职业素养对焊工的基本要求

一个好的焊工所应具备的条件，一方面是对操作技术人员的行为要求，另一方面也是行业对社会所应承担的义务与责任的体现，主要包括以下内容。

① 有良好的职业操守和责任心，爱岗敬业，具备高尚的人格与高度的社会责任感。

② 遵守法律、法规和行业与公司等有关的规定。

③ 着装整洁，符合规定，工作认真负责，有较好的团队协作和沟通能力，并具有安全生产知识和文明生产的习惯。

④ 有持之以恒的学习态度，并能不断提高现有知识水平。

⑤ 有较活跃的思维能力和较强的理解能力以及丰富的空间想象能力。

⑥ 能熟练掌握和运用焊接的基本知识，贯彻焊接理论知识与实践技能，做到理论与实践互补与统一。

⑦ 严格执行工作程序，并能根据具体加工情况做出正确评估并完善生产加工工艺。

⑧ 保持工作环境的清洁、安全，具备独立的生产准备、设备维护和保养能力，能分析判断焊接过程中的各种质量问题与故障，并能加以解决。

四、焊工安全

1. 焊工安全生产的重要性

焊工在工作时要与电、可燃及易爆的气体、易燃液体、压力容器等接触，在焊接过程中还会产生一些有害气体、金属蒸汽，并受到烟尘、电光弧的辐射、焊接热源的高温等影响，如图 0-2 所示。如果焊工不遵守安全操作规程，就会引起触电、灼伤、火灾、爆炸、中毒等事故。因此，从思想上须重视安全生产，明确安全生产的重要性，增强责任感，了解安全生产的规章制度，熟悉并掌握安全生产的有效措施，避免和杜绝事故的发生。

有害气体
（金属蒸汽或烟尘）

焊接热源
（电光弧的辐射）

图 0-2　焊接过程中产生的有毒气体与电弧辐射

（1）安全生产的作业环境。

① 焊接场地应有良好的通风。焊接区的通风（包括机械通风和自然通风）是排出有毒气体的有效措施。

② 采用静电防护面罩，做好个人防护工作。

③ 如图 0-3 所示，焊工在作业时，应穿白帆布工作服，以避免强烈电弧光辐射灼伤皮肤。

④ 在厂房内和人多的区域进行焊接时，尽可能使用防护屏，如图 0-4 所示，以避免周围的人受电弧光伤害。

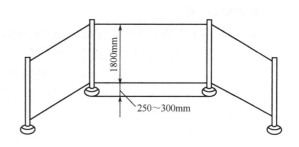

1800mm

250～300mm

图 0-3　焊工工作服　　　　　　　　　图 0-4　焊接防护屏

⑤ 焊接作业必须配有灭火器材。

（2）安全生产的具体要求。

安全生产的具体要求是焊工应做到十个不焊。

① 焊工没有操作证又没有正式焊工在场进行技术指导时，不能进行焊、割作业。

② 凡属一、二、三级动火范围的焊、割作业，未办理动火审批手续的，不得擅自进行焊、割作业。

③ 焊工不了解焊、割现场周围情况时不得盲目进行焊、割作业。

④ 焊工不了解焊、割件内部条件是否安全时，未彻底清除时，不得进行焊、割作业。

⑤ 盛装过可燃气体或有毒物质的各种容器，未经清洗不得进行焊、割作业。

⑥ 用可燃材料作保温、冷却、隔音、隔热的部位，火星能飞溅到的地方，在未经采取切实可靠的安全保护措施之前，不得进行焊、割作业。

⑦ 有电流、压力的导管、设备、器具等在未切断电、泄压之前，不得进行焊、割作业。

⑧ 焊、割部位附近堆有易爆物品时，在未彻底清理或未采取有效安全措施之前不得进行焊、割作业。

⑨ 与外单位相接触的部位，在没弄清楚外单位是否有影响或明知存在危险又未采取切实可靠的安全条件之前不得进行焊、割作业。

⑩ 焊、割场所与附近其他工种工作上互相有冲突时不得进行焊、割作业。

2. 预防触电的安全知识

线路中的电压和人体的电阻，决定于通过人体的电流大小。人体的电阻除人的自身电阻外，还包括人身所穿的衣服和鞋等的电阻。干燥的衣服、鞋及工作场地，能使人体的电阻增大。通过人体的电流大小不同，对人体伤害的轻重程度也不同。当通过人体的电流超过 0.05A 时，生命就有危险。人体的电阻由 50000Ω 可以降至 800Ω，根据欧姆定律，40V 的电压就对人身有危险。而焊接工作场地所提供的电压为 380V 或 220V，焊机的空载电压一般都在 60V 以上，因此，焊工在工作时必须注意防止触电。

焊接时，为防止触电，应采取下列措施。

① 弧焊设备的外壳必须接零或接地，而且接线应牢靠，以免由于漏电而造成触电事故。

② 弧焊设备的一次侧接线、修理和检查应由电工进行，焊工不可私自随便拆修。二次侧接线由焊工进行连接。

③ 推拉电源开关时，应戴好干燥的皮手套，面部不要对着开关，以免推拉开关时发生电弧火花灼伤脸部。

④ 焊钳应有可靠的绝缘。中断工作时，焊钳要放在安全的地方，防止焊钳与焊件之间产生短路而烧坏弧焊机。

⑤ 焊工的工作服、手套、绝缘鞋应保持干燥。

⑥ 在容器、船舱内或其他狭小工作场所焊接时，需两人轮换操作，其中一人留守在外面监护，当发生意外时，立即切断电源，便于急救。

⑦ 在潮湿的地方工作时，应用干燥的木板或橡胶片等绝缘物作垫板。

⑧ 在光线暗的地方、容器内操作或夜间工作时，使用的工作照明灯的电压应不大于 36V。

⑨ 遇到焊工触电时，切不可用赤手去拉触电者，应先迅速将电源切断。如果切断电源后触电者呈现昏迷状态，应立即施行人工呼吸法，如图 0-5 所示，直至送到医院为止。

⑩ 焊工要熟悉和掌握有关电的基本知识、预防触电及触电后急救方法等知识，严格遵守有关部门规定的安全措施，防止触电事故发生。

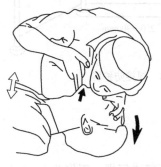

图 0-5　人工呼吸法

3. 预防火灾和爆炸的安全知识

焊接时，由于电弧及气体火焰的温度很高，而且在焊接过程中有大量的金属火花飞溅物，如稍有疏忽大意，就会引起火灾甚至爆炸。因此焊工在工作时，为了防止火灾及爆炸事故的发生，必须采取下列安全措施。

①　焊接前要认真检查工作场地周围是否有易燃、易爆物品（如棉纱、油漆、汽油、炼油、木屑、乙炔发生器等）。如有易燃、易爆物，应将这些物品搬离焊接工作点 5m以外。

②　在高空作业时，更应注意防止金属火花飞溅而引起的火灾。

③　严禁在有压力的容器和管道上进行焊接。

④　焊补储存过易燃物的容器（如汽油箱等）时，焊前必须将容器内的介质清干净，并用碱水清洗内壁，再用压缩空气吹干，并应将所有孔盖完全打开，确认安全可靠方可焊接。

⑤　在进入容器内工作时，焊、割炬应随焊工同时进、出，严禁将焊、割炬放在容器内而擅自离去，以防混合气体燃烧或爆炸。

⑥　焊条头及焊后的焊件不能随便乱扔，要妥善管理，更不能扔在易燃、易爆物品的附近，以免发生火灾。

⑦　每天下班时，应检查工作场地附近是否有引起火灾的隐患，如确认安全，才可离开。

五、组织讨论

1．参观焊工实习车间。

2．对焊工工作的认识与想法。

3．遵守实训车间的规章制度的重要意义。

4．注重文明生产和遵守安全操作规程的重要意义。

项目 **1**

气 焊

气焊是利用可燃气体与氧气混合燃烧的火焰所产生的热量作为热源，进行金属焊接的一种手工操作方法，如图 1-1 所示。

图 1-1　气焊操作

任务 1　认识气焊设备与工具

本任务主要是让学生了解和认知气焊所用设备与工具，应尽可能组织学生进行现场参观，在参观中加强学生的感性认识。另一方面也可利用多媒体的形式呈现给学生，以提高学习兴趣。

> **提　示**
>
> 由于任务实践是在车间中进行，师生须遵守气焊操作规程和文明守则，使学生养成良好严谨的工作作风，并在学习的过程中做到举一反三、融会贯通。

一、气焊用设备

气焊设备简单，不需要电源，操作方便。其设备主要包括氧气瓶、减压器、乙炔发生器、胶管、焊炬等。

1. 氧气瓶

如图 1-2 所示，氧气瓶由瓶底、瓶体、瓶箍、瓶阀、瓶帽和瓶头组成，是用来储存和运输氧气的高压容器，其工作压力为 15MPa，容积为 40L。

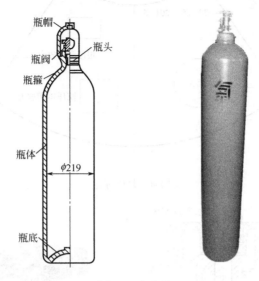

图 1-2 氧气瓶

（1）瓶体。

瓶体是用合金钢以热挤压而制成的圆筒形无缝容器。瓶体外表涂有天蓝色漆，并用黑漆写上"氧气"两字，以区别于其他气瓶，不允许与其他气瓶放在一起。

瓶体有严格的材质要求和制造质量标准，为了保证安全，瓶体在出厂前都必须经过水压的试验。水压试验的压力为工作压力的 1.8 倍。试验合格后，在瓶的上部球面部分用钢印标明瓶号、工作压力和试验压力、下次试压日期、瓶的容量和质量、制造工厂、制造年月、检验员钢印、技术检验部门钢印等信息（如图 1-3、图 1-4 所示）。瓶体经过三年使用后，应进行水压试验。如果因腐蚀等原因使质量减轻超过了 2kg，应进一步用无损探伤或射线透视测定其壁厚，确定能否继续使用。

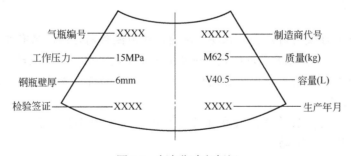

图 1-3 氧气瓶肩部标记

（2）瓶阀。

瓶阀是控制瓶内氧气进出的阀门。目前主要采用活瓣式瓶阀，这种瓶阀使用方便，可直接用扳手开启和关闭。活瓣式氧气瓶阀的结构如图 1-5 所示。使用时按逆时针旋转手轮，则瓶阀开启；按顺时针旋转手轮，则瓶阀关闭。

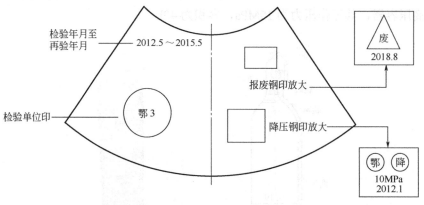

图 1-4　复检标记

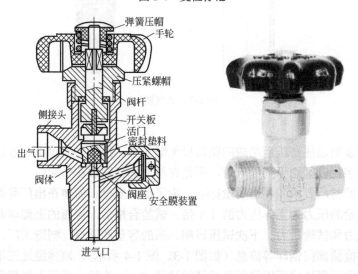

图 1-5　活瓣式氧气瓶阀的结构

2. 减压器

减压器是将储存在气瓶内的高压气体减压为工件需要的低压气体的调节装置，以供给焊接、气割时使用，同时减压器还有稳压的作用，使气体工作压力不会随气瓶内的压力减小而降低。减压器的形式较多，有单级式减压器和双级式减压器，经常使用的是 QD-1 型单级反作用式，其外形如图1-7所示。常用减压器的技术数据见表1-1。

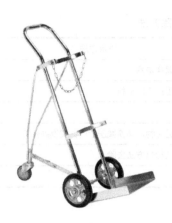

图1-6 氧气瓶搬运专用小车

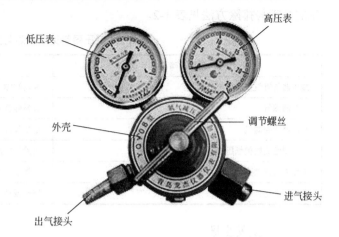

图1-7 QD-1型单级反作用减压器外形

表1-1 常用减压器的技术数据

项目数据	型号		
	QD-1	QD-2	QD-2
进气口最高压力/MPa	15	15	15
最高工作压力/MPa	2.5	1.0	0.2
工作压力调节范围/MPa	0.1~2.5	0.1~1.0	0.01~0.2
最大放气能力/m³/h	80	40	10
出气口孔径/mm	6	5	3
压力表规格/MPa	0~25 0~4	0~25 0~1.6	0~25 0~0.4
安全阀泄气压力/MPa	2.9~3.9	1.15~1.6	—
质量/kg	4	2	2
外形尺寸/mm	200×200×210	165×170×160	165×170×160

（1）减压器的使用。

① 安装减压器之前应先将氧气瓶放出少量气体，吹去瓶口附近的灰尘，随后立即将氧气瓶关闭。

② 将减压器的螺帽对准氧气瓶的瓶嘴，至少应拧紧4扣以上。如发现接嘴漏气，应将螺帽卸下，更换新的垫圈后再将螺帽拧紧。

③ 检查各接头是否拧紧。减压器出气口与氧气胶管接头处须用铁丝或夹头拧紧，以防止通气后胶管脱落。

④ 打开氧气阀门时要缓缓开启，不要用力过猛，以防止气体压力过高而损坏减压器与压力表。

⑤ 减压器上不得附有油脂等，如发现应立即擦拭干净后再使用。

⑥ 在停止工作时，应先松开减压器的调节螺丝，再关闭氧气阀。工件结束时，先松开减压器上的调节螺丝，再关闭氧气瓶。

（2）减压器故障与排除。

为确保减压器的准确与安全。应定期对其进行校检。发现问题，应及时排除。减压器常见的故障与排除方法见表1-2。

表1-2　减压器常见的故障与排除方法

常见故障	排除方法
减压器与氧气瓶连接部分漏气	扳紧螺帽，调换垫圈
安全阀漏气	调整弹簧或更换活门垫料
减压器罩壳漏气	更换膜片
调压螺丝旋松但低压表有上升的自流现象	去除活门附近污物，调换减压活门，调换副弹簧
工作中气体供不上和压力表指针有较大摆动	用热水和蒸汽加热方法去除
高低压表指针不回零值	修理或调换

3. 乙炔发生器

如图1-8所示，乙炔发生器由筒体、电石篮、移动调节器、开盖手柄、储气罐、回火保险器等组成，是水与电石进行化学反应产生乙炔的装置。

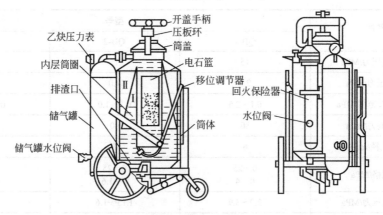

图1-8　乙炔发生器

使用时，先将清水注入乙炔发生器筒体、储气筒和回火保险器内，至水从各自的水位阀流出为止，随后关闭各个水位开关；再操纵移动调节器使电石篮处于最高位置；然后打开开盖手柄，装入电石后将开盖手柄拧紧；最后将电石篮调节到电低位置，使电石浸入水中，开始产生乙炔气。

电石用完后，如需继续使用，应先把发生器水位开关打开，降低发生器内的压力，然后打开发生器上盖，装入电石后继续使用。当电石没有耗完而又不继续使用时，应将电石篮调节器放到最高位置上，使发气室内电石篮与水完全脱离，终止乙炔气的继续产生，然后打开水位开关，打开上盖，取出电石篮，放渣后清洗乙炔发生器。

提　示

① 必须要熟悉乙炔发生器的构造、使用与维护规则。

② 乙炔发生器附近应禁止烟火。移动式乙炔发生器必须离开火源10m以上，不能靠近带电体。也不能让高空焊接或切割的火花溅落在发生器附近。

③ 发生器内装入的电石量一般不能超过电石篮的2/3。切不可使用碎末电石。

④ 加入乙炔发生器内的水必须清洁，不含油脂与酸碱等杂质。

⑤ 工作时应经常检查各接头的密封性能，且还应注意回火保险器里的水位。

⑥ 当工作环境温度低于 0℃时，应向发生器和回火保险器内注入温水，也可在水中加入少量食盐，以防止发生器冻结。

⑦ 发生器内必须装有回火保险。使用前也必须要检查回火保险器内的水位。

⑧ 如果两次使用间隔时间较长，应及时彻底清洗乙炔发生器中的水。

⑨ 工作结束时，先将电石与水脱离，再排水、放渣和清洗。

4. 回火保险器

回火保险器如图 1-9 所示，它是装在乙炔发生器和焊炬之间的防止乙炔气体向发生器回烧的保险装置。还可以对乙炔进行过滤，提高其纯度。

回火是气体火焰进入喷管内逆向燃烧的现象。回火有逆火和回烧两种。逆火是火焰向喷嘴孔逆行，并瞬间自行熄灭，同时伴有爆鸣声的现象。回烧是火焰向喷嘴孔逆行，并继续向混合室和气体管路燃烧的现象。回烧可能烧毁焊炬、管路甚至引起乙炔发生器的爆炸。因此，在使用回火保险器时应注意以下事项。

图 1-9　回火保险器

① 加入保险器的水要清洁，不得含有油污和酸碱等杂质，而且水量还要适当，使水位保持在水阀附近。

② 要定期换水，以保持干净，且水温不得超过 60℃。

③ 环境温度低于 0℃时，为防冻结，可加入温水或在水中添加少量食盐。

④ 防爆膜的厚度要合适，使其强度略高于发生器内乙炔的压力即可。

5. 乙炔瓶

乙炔瓶是储存和运输乙炔的一种钢制压力容器。乙炔瓶具有纯度高，不含水分，杂质含量低；压力高，能保持气焊、气割火焰的稳定；设备轻便，工作比较安全，便于保持工作场地的清洁等优点。

乙炔瓶的外形与氧气瓶相似，如图 1-10 所示，其外表面涂白色漆，并用红漆写上"乙炔"等字样。在瓶内装置浸有丙酮的多孔性填料，如图 1-11 所示，使乙炔稳定而又安全地储存在

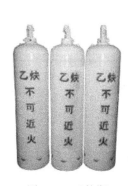

图 1-10　乙炔瓶

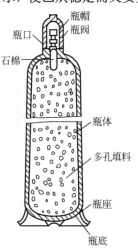

图 1-11　乙炔瓶的内部结构

乙炔瓶内。当使用时，溶解在丙酮内的乙炔就分离出来，通过乙炔阀流出，而丙酮仍留在瓶内，以便溶解再次压入的乙炔，乙炔瓶阀下面的填料中心部位的长孔内放有石棉，其作用是促进乙炔与填料的分离。

乙炔瓶阀是控制乙炔瓶内乙炔气体进出的阀门，它的构造主要由阀体、阀杆、压紧螺母、活门以及密封填料等部分组成，如图1-12所示。

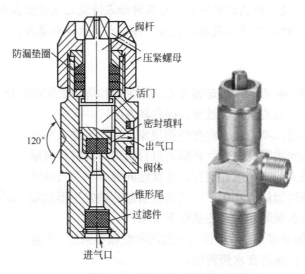

图1-12　乙炔瓶阀的构造

乙炔瓶阀与氧气瓶阀不同，它没有旋转手轮，活门的开启和关闭是利用方孔套筒扳手转动阀杆上端的方形头，使嵌有尼龙1010制成的密封填料的活门向上（或向下）移动而达到。当方孔套筒扳手逆时针方向旋时，活门向上移动而开启乙炔瓶阀，相反方向旋转时则关闭乙炔瓶阀。

由于乙炔瓶的阀体旁侧没有连接减压器的侧接头，因此需使用带有夹环的乙炔减压器，如图1-13所示。乙炔减压器的作用是将瓶内的高压乙炔降低到所需的工作压力后输出。夹环外壳漆成白色，压力表上有最大许可工作压力的红线，以便使用时严格控制。当转动紧固螺钉时就能使乙炔减压器的连接压紧在乙炔瓶阀上的出气口上，从而使乙炔能通过减压器供给工作场地使用。

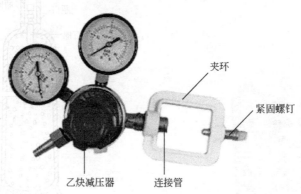

图1-13　带夹环的乙炔减压器

由于乙炔是易燃、易爆的危险气体，所以在使用时必须谨慎。

① 乙炔瓶不能遭受剧烈振动或撞击，以免瓶内的多孔性填料下沉而形成空洞，影响乙炔的储存。

② 乙炔瓶在工作时应直立放置，卧放会使丙酮流出，甚至会通过减压器流入乙炔胶管和焊炬内，这是非常危险的。

③ 乙炔瓶体的温度不应超过 40℃，因为乙炔瓶温度过高会降低丙酮对乙炔的溶解度，而使瓶内的乙炔压力急剧增高。

④ 乙炔减压器与乙炔瓶的瓶阀连接必须可靠，严禁在漏气的情况下使用，否则会形成乙炔与空气的混合气体，一旦触及明火就可能造成爆炸事故。

⑤ 使用乙炔瓶时，不能将瓶内的乙炔全部用完，应剩下 0.05～0.1MPa 压力的乙炔气。

二、气焊用工具

1. 焊炬

焊炬俗称焊枪，是气焊中实施焊接的工具，用于控制气体混合比、流量及火焰并进行焊接。在焊炬内氧气与可燃气体混合，喷出后点燃并形成具有一定形状和能率的火焰。焊炬质量的好坏直接影响焊接质量。因此要求焊炬具有良好的调节和保持氧气与可燃气体比例及火焰大小的性能，并使混合气体喷出速度等于燃烧速度，以便进行稳定地燃烧，同时焊炬的重量要轻、气密性要好，还要耐腐蚀和耐高温。按可燃气体与氧气混合方式的不同分为射吸式和等压式两类。

（1）射吸式焊炬。

射吸式焊炬是目前常用的一类焊炬，这类焊炬采用固定射吸管，配备孔径大小不等的焊嘴，以适应焊接不同厚度工件的需要。其构造如图 1-14 所示。使用时，开启氧气调节阀和乙炔调节阀，此时具有一定压力的氧气由喷嘴高速喷出，使喷嘴周围形成负压，把喷嘴四周的低压乙炔气吸入射吸管，经混合管混合后从焊嘴喷出，点燃后形成火焰。

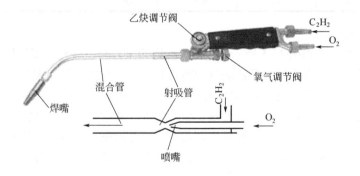

图 1-14　射吸式焊炬

射吸式焊炬的型号由汉语拼音字母"H"、结构形式、操作方式和规格组成。

射击式焊炬的型号有 H01-2、H01-6、H01-12、H01-20。H 表示焊炬；01 表示射吸；2、6、12、20 表示可焊接的最大厚度。常用焊炬型号与主要数据见表 1-3。

表 1-3　常用焊炬型号与主要技术数据

焊炬型号	焊嘴号	焊嘴孔径/mm	焊接范围/mm	气体压力/MPa		气体耗量/m³·h⁻¹	
				氧气	乙炔	氧气	乙炔
H01-2	1	0.9	0.5～0.7	0.10	0.001～0.01	0.033	40
	2	1.0	0.7～1.0	0.125		0.046	55
	3	1.1	1.0～1.2	0.15		0.065	80
	4	1.2	0.2～1.5	0.175	0.01～0.1	0.10	120
	5	1.3	1.5～2.0	0.2		0.15	170
H01-6	1	1.4	0.1～2.0	0.2	0.001～0.1	0.15	170
	2	1.6	2.0～3.0	0.25		0.20	240
	3	1.8	3.0～4.0	0.3		0.24	280
	4	2.0	4.0～5.0	0.35		0.28	330
	5	2.2	5.0～6.0	0.4		0.37	430
H01-12	1	1.4	6～7	0.4	0.001～0.1	0.37	0.43
	2	1.6	7～8	0.45		0.49	0.58
	3	1.8	8～9	0.5		0.65	0.78
	4	2.0	9～10	0.6		0.86	1.05
	5	2.2	10～12	0.7		1.10	1.21
H01-20	1	2.4	10～12	0.6	0.001～0.1	1.25	1.5
	2	2.8	12～14	0.65		1.45	1.7
	3	2.8	14～16	0.7		1.65	2.0
	4	3.0	16～18	0.75		1.95	2.3
	5	3.2	18～20	0.8		2.25	2.6

（2）等压式焊炬。

等压式焊炬的构造如图 1-15 所示。它要求乙炔的压力与氧气相等或近似相等。它的特点是乙炔气体不是靠射吸作用而是靠乙炔自身所具有的压力直接与氧气混合，产生稳定的焊接火焰；另外由于氧气和乙炔的压力都较高，所以混合气体以相当高的流速从焊嘴内喷出，因此等压式焊炬内就不需要特殊构造的射吸管和喷射管，其构造要比射吸式焊炬简单。

另外，由于等压式焊炬使用的氧气压力与乙炔压力都很高，混合气体流速大，施焊时不易发生回火现象。但是这种焊炬因使用的乙炔压力必须与氧气压力相等或相近，因而不能使用低压乙炔，在应用上受到很大的限制。

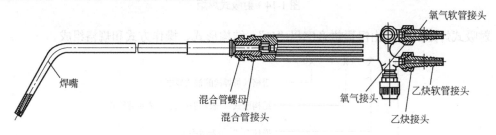

图 1-15　等压式焊炬

等压式焊炬型号有 H02-12、H02-20 等，其规格见表 1-4。

表 1-4　等压式焊炬的规格

焊炬型号	焊嘴号码	焊嘴孔径/mm	氧气工作压力/MPa	乙炔工作压力/MPa	焰心长度/mm（不小于）	焊炬总长度/mm
H02-12	1	0.6	0.2	0.02	4	500
	2	1.0	0.25	0.03	11	
	3	1.4	0.3	0.04	13	
	4	1.8	0.35	0.05	17	
	5	2.2	0.4	0.06	20	
H02-20	1	0.6	0.2	0.02	4	600
	2	1.0	0.25	0.03	11	
	3	1.4	0.3	0.04	13	
	4	1.8	0.35	0.05	17	
	5	2.2	0.4	0.06	20	
	6	2.6	0.5	0.07	21	
	7	3.0	0.6	0.08	21	

2. 焊嘴

氧乙炔焰射吸式焊炬的焊嘴结构图如图 1-16 所示。它可根据焊件厚度进行合理地选择和更换，并组装好。焊炬的氧气管接头必须牢固。乙炔管又不要接得太紧，以不漏气又容易插上、拉下为准。焊炬在使用前要检查射吸情况。先接上氧气胶管，但不接乙炔管，打开氧气和乙炔调节阀，用手指按在乙炔进气管的接头上，如在手指上感到有吸力，说明射吸能力正常；如没有射吸力，不能使用。检查焊炬的射吸能力后，把乙炔的进气胶管接上，同时把乙炔管

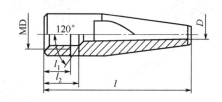

图 1-16　氧乙炔焰射吸式焊炬的焊嘴结构图

接好，检查各部位有无漏气现象。检查合格后才能点火，点火后要随即调整火焰的大小和形状。如果火焰不正常，或有灭火现象时应检查焊炬通道及焊嘴有无漏气及堵塞。在大多数情况下，灭火是乙炔压力过低或通路有空气等。严禁焊炬与油脂接触，不能用带有油的手套点火。焊嘴被飞溅物阻塞时，应将焊嘴卸下来，用通针从焊嘴内通过，清除脏物。回火时应迅速关闭氧气和乙炔调节阀。焊炬不得受压，使用完毕或暂不用时，要放到合适的地方或挂起来，以免碰坏。

3. 气管快速接头

气管快速接头是各气焊（或气割）工具与氧气、燃气胶管之间的一种快速连接件。它可分为氧气接头和乙炔接头两种，如图 1-17 所示。其特点是装拆迅速、使用方便、密封性好、节约气源。气管快速接头由阳接头（与焊炬或割炬尾端连接）和进气接头（与气体胶管连接）两部分组成。气管快速接头的技术数据见表 1-5。

（a）氧气快速接头

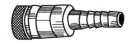

（b）乙炔快速接头

图 1-17　气管快速接头

表 1-5　气管快速接头的技术数据

品种	型号	进气接头连接处外径/mm	连接状况总长度/mm	气体工作压力/MPa	总质量/kg	适用气体
氧气快速接头	YJ-75I	10.5	80	≤1	66	氧气或空气等，其他中性气体
	YJ-75II		86		73.5	
乙炔快速接头	RJ-75I	10.5	80	≤0.15	66	乙炔或丙烷、煤气等可燃气体
	RJ-75II		86		73.5	

4. 节气阀

节气阀外形如图 1-18 所示。它能同时快速关闭或开启氧气和燃气，是一种省时、省力、节气装置，供焊（割）炬使用。将焊（割）炬挂在节气阀的挂钩上，阀门即可自行关闭，火焰熄灭；再次使用时，取下焊（割）炬，阀门会自动打开，即可点火操作。只要事先调好氧气和燃气的压力、工具上氧气和乙炔阀门的位置（即调好氧气与燃气的混合比），使用中不需再调整火焰的性质和大小，适用于焊接、切割现场和流水线作业。

5. 辅助工具

（1）通针。

通针如图 1-19 所示，是用来去除各种焊枪、割炬嘴孔道内的堵塞物。通孔时必须选择与孔径相同的通针，并使通针与孔道保持在同一水平线上，通针的使用如图 1-20 所示，不可用表面粗糙的钢丝随意乱捅，以免损坏气体通道的表面精度，造成不均匀的磨损，而使火焰偏斜。切割氧气内线变坏。

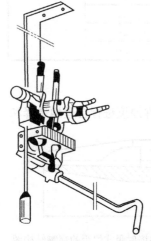

图 1-18　节气阀

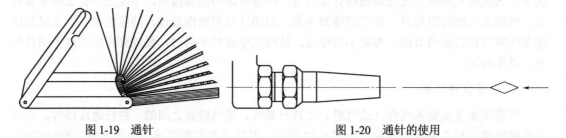

图 1-19　通针　　　　　　　　　图 1-20　通针的使用

（2）点火枪。

点火枪如图 1-21 所示，是为了保证气焊点火安全的专用工具。其点火方法是利用摩擦轮转动时与电石摩擦产生火花，引燃从焊炬（或割炬）内喷出的可燃气体。在无点火枪的条件下，也可使用火柴、打火机等来点火，但必须注意操作者手的安全，不要被喷射出来的气体火焰烧伤。

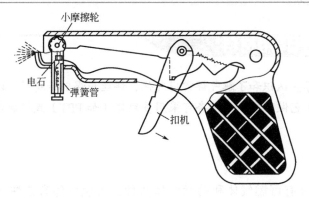

图 1-21　点火枪

（3）焊接检验尺。

焊接检验尺如图 1-22 所示，是测量焊件焊接部位的角度与外形尺寸的量具，即用于检验焊缝宽度、焊缝厚度、焊缝余高、错边量大小、坡口角度与间隙等，如图 1-23 所示。

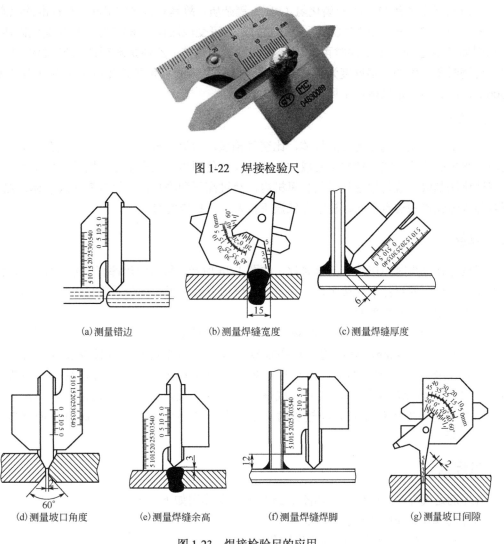

图 1-22　焊接检验尺

(a)测量错边　(b)测量焊缝宽度　(c)测量焊缝厚度

(d)测量坡口角度　(e)测量焊缝余高　(f)测量焊缝焊脚　(g)测量坡口间隙

图 1-23　焊接检验尺的应用

任务 2　认识气焊用材料

本任务是为让学生认识和了解气焊常用气体、焊丝与焊剂等材料，以便为更好地掌握和合理选择焊接生产工艺做准备。本任务可采用多媒体（如 PPT）或微课进行讲解，重点在气焊剂的介绍。

一、常用气体

气焊常用的气体有可燃气体和助燃气体两种。可燃气体有乙炔（C_2H_2），能燃烧，并能在燃烧过程中释放出大量能量；助燃气体有氧气，其本身不能燃烧，但可帮助其他可燃物质燃烧。

1. 乙炔

乙炔又名电石气，在常温大气压力下是一种无色气体，是不饱和的碳氢化合物。工业用乙炔因为混有硫化氢（H_2S）及磷化氢（PH_3）等杂质，故具有特殊的臭味。在标准的状态下，乙炔密度为 $1.17kg/m^3$，比空气稍轻，$-83℃$ 时乙炔可变成液体，$-85℃$ 时乙炔将变成固体，液体和固体乙炔达到一定条件时可能因摩擦和冲击而爆炸。乙炔是理想的可燃气体，与空气混合燃烧时所产生的火焰温度为 2350℃，而与氧气混合燃烧时所产生的火焰温度为 3100～3300℃，因此用它足以熔化金属进行焊接。

2. 氧气

氧气是一种无色无味无毒的气体，比空气稍重，微溶于水。常压下，氧气在-183℃时会变成淡蓝色的液体，在-218℃会变成雪花状的淡蓝色固体。大量工业上用的氧气主要是采用空气液化法制取。就是把空气引入制氧机内，经过高压和冷却，使氧气液化成液体，然后根据各种气体元素的沸点不同，让它在低温下挥发，来提取纯氧。

二、焊丝

焊丝是在气焊时用作填充的金属丝，如图 1-24 所示。每盘焊丝都有型号、牌号标记，不允许使用无标记的焊丝来焊接工件。焊丝的化学成分直接影响焊缝质量与焊缝的力学性能。因此正确选用焊丝非常重要。

焊接低碳钢时，常用的气焊丝牌号有 H08、H08A、H08Mn、H08MnA 等。气焊丝的直径一般为 2～4mm。焊丝的直径要根据焊件的厚度来选择。焊接厚度要与焊丝直径相适应，不宜相差太大。如果焊丝直径比焊件厚度小很多，则焊接时往往会发生焊件未熔化而焊丝已熔化滴下现象，从而造成熔合不良；相反，如果焊丝直径比焊件厚度大很多，则为了使焊丝熔化又必须经较长时间的加热，从而使焊件热影响区过热而降低了焊接头的质量。

三、气焊剂

气焊剂是气焊时的助熔剂，如图 1-25 所示。其作用如下所述。

① 保护熔池，减少空气的侵入。

② 去除气焊时熔池中形成的氧化物杂质。

③ 增加熔池金属的流动性。

气焊剂可预先涂在焊件的待焊处或焊丝上，也可在气焊过程中将高温的焊丝端部在有焊剂的器皿中沾上焊剂，再填加到熔池中。

气焊剂主要用于铸铁、合金钢与各种有色金属的气焊，低碳钢在气焊时不必使用气焊剂。使用时要根据被焊金属在焊接熔池中形成的氧化物性质，来选取不同的气焊剂。如果熔池所形成的是酸性氧化物，则选用碱性焊剂；如果熔池所形成的是碱性氧化物，可采用酸性焊剂。酸性气焊剂有硼砂、硼酸、二氧化硅等，主要用于焊接铜及铜合金、合金钢等材料；碱性气焊剂有碳酸钾、碳酸钠等，主要用于焊接铸铁。盐类气焊剂有氯化钾、氯化钠以及硫酸氢钠等，主要用于焊接铝合金。几种常见国产气焊剂牌号及用途见表 1-6。

图 1-24 气焊用焊丝

图 1-25 气焊剂

表 1-6 几种常见的国产气焊剂牌号及用途

牌号	基本性能	应用范围
气剂 101	熔点 900℃，有良好的润湿性，能防止熔化金属氧化，熔渣易清除	不锈钢、耐热钢
气剂 201	熔点 650℃，呈碱性，富潮解性，能有效去除铸铁焊接产生的硅酸盐的氧化物	铸铁
气剂 301	熔点 650℃，呈酸性，易潮解，能有效地熔解氧化亚铜	铜及铜合金
气剂 401	熔点 560℃，呈碱性，能破坏氧化铝膜，富潮解性，在空气中能引起铝的腐蚀，焊后必须及时用热水清除	铝及铝合金

任务 3 气焊焊接工艺参数的选择

气焊的主要工艺参数包括焊丝直径、火焰性质、火焰能率（焊炬型号与焊嘴号码）、焊嘴倾斜角度、焊丝倾角、焊接方向和焊接速度。了解并掌握气焊主要工艺参数及其选择是本任务的重点，也是本项目是的重点之一，因此，本任务除了必要的理论讲解外，还应进行示范性演示。

一、焊丝直径

焊丝的直径应根据焊件的厚度、接头坡口的形式、焊缝位置、火焰能率等因素确定。一般焊丝直径常常由焊件厚度来初步选择，试焊后再根据情况理行调整。表 1-7 是碳钢气焊时焊丝的直径选择方法。

表 1-7　碳钢气焊时焊丝的直径选择方法

工件厚度/mm	1～2	2～3	3～5	5～10	10～15
焊丝直径/mm	1～2（或不用）	1～2	3～4	3～5	4～6

一般平焊应比其他焊接位置选用粗一号的焊丝，右焊法比左焊法选用的焊丝要适当粗一些。在多层焊时，第一、二层应选用较细的焊丝，以后各层可采用较粗的焊丝。

二、火焰性质

火焰性质是指氧-乙炔不同的火焰形式。不同性质的火焰是通过改变氧气与乙炔的混合比值而获得的。不同的材料应使用不同的火焰焊接。根据氧与乙炔的不同比率，火焰可分为中性焰、碳化焰和氧化焰三种，见表 1-8。各种金属材料气焊时火焰种类的选择见表 1-9。

表 1-8　氧-乙炔火焰

火焰类别	中性焰	碳化焰	氧化焰
图示	焰心 内焰(轻微闪动) 外焰	焰心 内焰 外焰	焰心 外焰
特点	焰心温度较高，形成光亮而明显的轮廓；内焰颜色较暗，呈淡橘红色；外焰是一氧化碳和氢气与大气中的氧气完全燃烧生成的二氧化碳和水蒸气	火焰长，且明亮。焰心轮廓不清，外焰特长。当乙炔过剩量很大时，会冒黑烟	焰心呈淡紫蓝色，轮廓不明显；外焰呈蓝色，火焰挺直，燃烧时发出急剧的"嘶嘶"声
比率	氧与乙炔的混合比为 1.1～1.2	氧与乙炔的混合比小于 1	氧与乙炔的混合比大于 1.2
应用范围	适用于焊接一般碳钢和有色金属	适用于焊接高碳钢、铸铁及硬质合金等	适用于焊接黄铜、锰钢等

表 1-9　各种金属材料气焊时火焰种类的选择

焊接金属	火焰性质	焊接金属	火焰性质	焊接金属	火焰性质
低、中碳钢	中性焰	青铜	中性焰	高碳钢	碳化焰
低合金钢	中性焰	不锈钢	中性焰 轻微碳化焰	硬质合金	碳化焰
紫铜	中性焰	黄铜	氧化焰	高速钢	碳化焰
铝及铝合金	中性焰 轻微碳化焰	锰钢	氧化焰	铸铁	碳化焰
铅、锡	中性焰	镀锌铁皮	氧化焰	镍	碳化焰

三、火焰能率

火焰能率是以每小时内可燃气体的消耗来的，即单位时间内可燃气体所提供的能量，单位 L/h。

火焰能率的大小是由焊炬型号和焊嘴号码大小来决定的。火焰能率应根据焊件的厚度、母材的熔点和导热性及焊缝的空间位置来选择。如焊接较厚的焊件、熔点较高的金属、导热性较好的铜、铝及其合金时，就要选用较大的火焰能率，才能保证焊件焊透；如是薄板或立焊、仰焊时，火焰的能率要适当地减小，才能不至于组织过热。平焊缝可比其他位置焊缝选用略大的火焰能率。实际生产中，在保证焊接质量的前提下，为了提高生产率，应尽量选择较大的火焰能率。

四、焊嘴倾斜角度

焊嘴的倾斜角度是指焊嘴的中心线与焊件平面间的夹角。焊炬倾角的大小主要根据焊件厚度、焊嘴大小和金属材料的熔点及导热性来选择的。焊件越厚、导热性越强及熔点越高，焊炬的倾斜角应越大，以使火焰的热量集中；相反，应采用较小的倾斜角度，焊炬倾斜角度与焊件厚度的关系如图 1-26 所示。在焊接的过程中，焊嘴的倾斜角度是不断变化的，如图 1-27 所示。

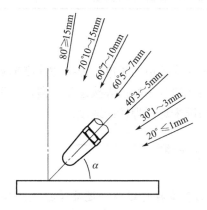

图 1-26　焊炬倾角度与焊件厚度的关系

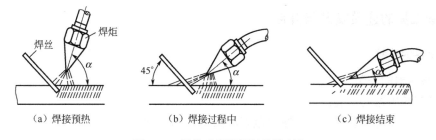

（a）焊接预热　　　　（b）焊接过程中　　　　（c）焊接结束

图 1-27　焊接时焊嘴倾斜角的变化

五、焊丝倾角

焊丝在气焊过程中的主要作用是填充焊接熔池并形成焊缝。焊丝倾角与焊件厚度、焊嘴倾角有关。当焊件厚度大时，焊嘴倾斜度也大，则焊丝的倾斜度小；当焊件厚度小时，焊嘴倾斜度也小，则焊丝的倾斜度大。焊丝倾角一般为 30°～40°。当处于各种位置焊接时，焊丝头部始终应在火焰尖上。

六、焊接方向

气焊操作时，焊嘴的移动方向为焊接方向。按焊嘴移动的方向可分为左焊法和右焊法。见表 1-10。

表 1-10　焊接方向

焊法	左焊法	右焊法
图示	焊丝　焊炬 焊接方向 ←	焊丝　焊炬 → 焊接方向
说明	焊丝在焊嘴前面，从一条焊缝的右端向左端焊接的方法。能看到熔池边缘，容易焊出宽度均匀的焊缝。焊接薄板时，由于焊炬火焰指向焊件未焊部分，对焊件金属有预热作用，生产率高。易掌握，应用普遍。但焊缝易氧化，冷却速度快，热量利用率低	焊嘴在焊丝前面，从一条焊缝的左端向右端焊接的方法。采用右焊法气焊时，焊炬火焰指向焊缝，可以罩住整个熔池，保护了熔化金属，防止了焊缝金属的氧化和产生气孔，减慢焊缝的冷却速度，改善了焊缝组织。但焊接过程中不能看清楚已焊好的焊缝，操作难度高
适用场合	适宜于焊接 5mm 以下的薄板或低熔点的金属	适用于焊件厚度大、熔点较高的焊件

七、焊接速度

焊接速度是指单位时间内完成焊道的长度。焊接的速度影响焊接生产率和焊接的质量。如果焊接速度过快，则焊件熔化情况不好；焊接速度过慢，则焊件受热过大，会降低焊接质量。因此应根据不同的焊接情况来选择焊接的速度。

任务 4　气焊操作

本任务不仅要了解气焊的基本操作过程，还要掌握气焊各种位置焊接时的基本操作要领。教师可利用气焊视频并结合自己的示范教学来讲解，以使学生更好地理解与掌握。

一、设备工具的连接安装与开启

1. 设备的连接

（1）减压器的安装。

① 氧气减压器的安装。

a. 用手或专用扳手取下氧气瓶的瓶帽，如图 1-28 所示。

> **提　示**
>
> 瓶帽千万不要丢失，瓶帽的主要作用是防止气瓶在搬运过程中灰尘的进入，影响气焊的正常进行，因此，应该把卸下的瓶帽放在可靠的位置保存，以备下次拖运时使用。

b. 瓶帽取下后，用一只手扶住氧气瓶的瓶颈，保持氧气瓶的直立，另一只手握住瓶阀上的手轮，先微微的开起一下瓶阀，使不多的氧气从瓶口中吹出，以吹掉瓶口可能存在的沙粒、污物或水分，如图 1-29 所示。也可以不开启氧气气瓶阀，直接闭上眼睛后，用嘴对着瓶口吹去杂物。一般采用的方法还是前者。

c. 瓶口杂物清除后，一只手握好氧气减压器，另一只手手持减压器上与瓶口连接的螺帽，将减压器与氧气瓶嘴之间连接牢固，再用扳手拧紧连接螺母，如图 1-30 所示。

图 1-28　取瓶帽

图 1-29　瓶口杂物清除

（a）手动连接

（b）扳手拧紧

图 1-30　减压器的连接

②　胶管的安装。氧气减压器安装好，用一只手握住氧气胶管的一端，另一只手握住胶管与减压器的连接螺母，与氧气减压器上的出气口外螺纹连接，并用扳手拧紧，如图 1-31所示。

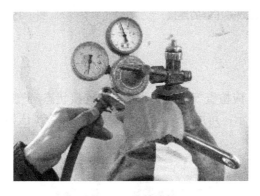

图 1-31　胶管连接

③　乙炔减压器的安装。

a.乙炔减压器安装前要清除瓶口的污物、泥沙等污垢。将减压器的进气口对准乙炔瓶的出气口，顶丝对准瓶嘴背面的凹坑，然后，迅速用手拧上顶丝螺杆，最后用扳手将顶丝拧紧接牢，如图 1-32 所示。

b.乙炔减压器安装好以后，用专用扳手开启乙炔瓶阀，此时，也可以在乙炔减压器高压表上显示乙炔瓶内的压力，如图 1-33 所示。

图 1-32　乙炔减压器与乙炔瓶的连接

图 1-33　开启乙炔瓶阀

c. 乙炔胶管安装。乙炔减压器安装好后，就可以连接乙炔胶管。将乙炔胶管的螺纹接头和乙炔减压器出气口的外螺纹连接在一起，用扳手拧紧，如图 1-34 所示。

（2）焊炬的连接。

当上述操作完成之后，就可进行焊炬或割炬的连接了。将氧气胶管上另一端的连接螺母与焊炬上氧气接头相连接，用扳手拧紧，防止漏气的现象产生，如图 1-35 所示。氧气管连接好以后，再将乙炔管进行连接，连接的方法与氧气管的连接相同。

图 1-34　乙炔胶管与乙炔减压器的连接

图 1-35　焊炬的连接

2. 气瓶的开启

（1）氧气的开启。

① 在开启氧气阀前，应检查气焊设备和工具的连接状态（气密性检查）。检查气密性的方法很简单，如图 1-36 所示，可用肥皂水涂抹在接头处检查减压器与瓶阀是否漏气便可。

图 1-36　气密性检查

② 开启氧气阀的时候，操作者一定要侧向氧气瓶的出气口，以免气压过大冲开减压器

伤到操作者。用一只手轻扶氧气瓶，另一只手手握氧气瓶开启阀按逆时针方向，缓缓开启瓶阀，如图 1-37 所示，此时，能听到一股强烈的气流声，在氧气减压器上的高压表上可以显示瓶内的高压压力。

③ 氧气瓶阀开启后，按顺时针方向旋转氧气减压器上的调压螺丝（顶针），此时调压螺丝会向减压器内部前进，达到一定深度后，减压器上的低压表（输出氧气压力）会指示出减压器向氧气橡胶管内输出的氧气压力，氧气的输出压力一般不超过 0.4MPa，如图 1-38 所示。

图 1-37　氧气的开启　　　　　　图 1-38　氧气减压器低压（工作压力）的调节

（2）乙炔的开启。

氧气工作压力调整好以后，即可开始对乙炔瓶的开启。

① 用专用的乙炔开启扳手按逆时针方向旋转，缓缓开启乙炔瓶阀。瓶阀开启后，乙炔减压器上高压表可显示瓶内压力，用同样的方法检查瓶阀的气密性，如图 1-39 所示。

② 乙炔瓶阀开启后，按顺时针方向旋转乙炔减压器上的调压螺丝（顶针），此时调压螺丝会向减压器内部前进，达到一定深度后，减压器上的低压表（输出乙炔压力）会指示出减压器向乙炔橡胶管内输出的乙炔压力，乙炔的输出压力一般不超过 0.04MPa，如图 1-40 所示。

图 1-39　乙炔瓶的开启　　　　　　图 1-40　乙炔减压器低压（工作压力）的调节

二、气焊火焰的调节

1. 焊炬的握法

右手持焊炬，将拇指置于乙炔开关处，食指置于氧气开关处，以便随时调节气体流量。用其他三指握住焊炬柄。

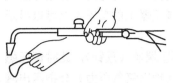

图 1-41　点火的姿势

2．火焰的点燃

先逆时针方向旋转乙炔开关，放出乙炔，再逆时针方向微开氧气开关，然后将焊嘴靠近火源。开始训练时，可能会出现连续的"放炮"声，这是因为乙炔不纯，这时应放出不纯的乙炔，然后重新点火。有时也会出现不易点燃和现象，多数情况下是因为氧气量过大，这时应重新微关氧气开关。

💭 **提　示**

点火时，拿火源的手不要正对焊嘴，如图 1-41 所示，也不要将焊嘴指向他人，以防烧伤。

3．火焰的调节

开始点燃的火焰多为碳化焰，如要调成中性焰，则应逐渐增加氧气的供给量，直至火焰的内焰与外焰没有明显的界限时，即成中性焰。如果继续增加氧化流量，就变为氧化焰。反之，增加乙炔或减少氧气，即可得到碳化焰。

通过同时调节氧气和乙炔流量的大小，可得到不同的火焰能率。调整方法如下所述。

① 先减少氧气，后减少乙炔，则火焰能率减小。

② 先增加乙炔，再增加氧气，则火焰能率增大。

由于乙炔发生器供给的乙炔量经常增减，引起火焰的性质极不稳定，中性焰经常自动变为氧化焰或碳化焰。中性焰变为碳化焰比较容易发现，但变为氧化焰往往不易察觉，因而应经常注意观察火焰性质的变化，并及时调节至所需的工作火焰状态。

4．火焰的熄灭

焊接结束或是中途停止时，必须熄灭火焰。正确的方法如下所述。

① 先顺时针旋转关闭乙炔开关阀门，直至关闭乙炔。

② 再顺时针旋转关闭氧气开关阀门。

三、各种位置的基本操作

1．平敷焊

（1）焊道起头。

用中性焰，左向焊法，即将焊炬由右向左移动，使火焰指向待焊部位，填充焊丝的端头，位于火焰的前下方，距焰心 3mm 左右，如图 1-42 所示。

焊道起头时，由于刚开始加热，焊件温度低，为利于对焊件进行预热，焊炬倾斜角应大些，同时在起焊处应使火焰往复移动，保证焊接处预热均匀。在熔池未形成前，操作者不但要密切观察熔池的形成，而且要将焊丝端部置于火焰中进行预热，待焊件由红色熔化成白亮而清晰的熔池，便可熔化焊丝，将焊丝熔滴滴入熔池，而后立即将焊丝抬起，火焰向前移动，形成新的熔池。

图 1-42　左向焊法时焊道的起头

在整个焊接过程中，为获得整齐美观的焊缝，应使熔池的形状和大小保持一致。常见的熔池形状如图 1-43 所示。

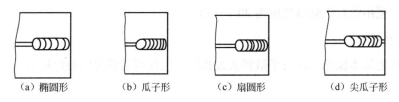

（a）椭圆形　　　　（b）瓜子形　　　　（c）扇圆形　　　　（d）尖瓜子形

图 1-43　常见的熔池形状示意图

（2）焊炬和焊丝的运动。

为了获得优质而美观的焊缝和控制熔池的热量，焊炬和焊丝应做均匀协调的摆动，既能使焊缝边缘良好熔透，控制液体金属的流动，使焊缝成形良好，同时又不至于使焊缝产生过热现象。

焊炬和焊丝的运动包括以下三个动作。

① 沿焊件接缝的纵向移动。以便不间断地熔化焊件和焊丝，形成焊缝。

② 焊炬沿焊缝做横向摆动。是为充分加热焊件，并借混合气体的冲击力把液体金属搅拌均匀，使熔渣浮起，得到致密性好的焊缝。

③ 焊丝在垂直焊缝的方向送进并做上下移动。用以调节熔池热量和焊丝填充量。

焊炬与焊丝在操作时的摆动方向的幅度应根据焊件材料的性质、焊缝位置、接头形式和板厚情况进行选择。焊炬与焊丝的摆动方法如图 1-44 所示。

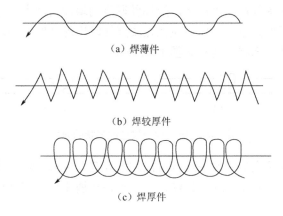

（a）焊薄件

（b）焊较厚件

（c）焊厚件

图 1-44　焊炬与焊丝的摆动方法

（3）焊道接头。

在焊接过程中，当中途停顿后继续施焊时，应用火焰把原熔池重新加热熔化形成新的熔池后再加焊丝。

重新开始焊接时，每次续焊应与前焊道重叠 5～10mm，重叠焊道要少加或不加焊丝，才能保证焊缝高度合适及圆滑过渡。

（4）焊道的收尾。

当焊到焊件的终点时，由于端部散热条件差，为防止熔池扩大而形成烧穿，应减少焊炬与焊件的夹角，同时要增加焊接速度和多加一些焊丝。收尾时为了不使空气中的氧气和氮气侵入熔池，可用温度较低的外焰保护熔池，直至终点熔池填满，火焰才可缓慢离开熔池。

焊嘴的倾斜角在焊接过程中是不断变化的。在预热阶段，为较快地加热焊件，迅速形成熔池，采用的焊炬倾斜角应为 50°～70°；到正常焊接时，采用的焊炬倾斜角常为 30°～50°；而在结尾时，采用的焊炬倾斜角应为 20°～30°。

2．平对接焊

平对接焊的基本操作方法与平敷焊大致相同，但在焊前应先将被焊接的两个焊件进行定位焊。

（1）定位焊。

其作用是装配和固定焊件接头的位置。定位焊缝的长度和间距视焊件厚度焊缝长度而定。焊件越薄，定位焊缝的长度和间距应越小，反之则加大。

当焊件较薄时，定位焊应从焊件中间开始向两头进行，如图 1-45（a）所示，定位焊缝长度约为 5～7mm，间隔 50～100mm。当焊件较厚时，定位焊则由两头向中间进行，定位缝长度为 20～30mm，间隔 200～300mm，如图 1-45（b）所示。

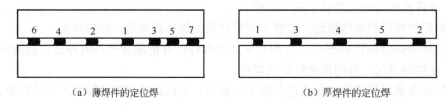

（a）薄焊件的定位焊　　　　　　　　（b）厚焊件的定位焊

图 1-45　焊件定位焊的顺序

定位焊的横切面由焊件厚度来决定，随焊件厚度的增加而增大。定位焊点不宜过长，更不宜过宽或过高，但要保证熔透，以避免在正式焊接时出现高低不平、宽窄不一和熔合不良等缺陷。定位焊缝横截面形状的要求如图 1-46 所示。

（a）不好　　　　　　　　　　　　（b）好

图 1-46　定位焊缝横截面形状的要求

定位焊后，为防止角变形，并使焊缝背面均匀焊透，可采用焊件预先反变形法，即将焊件沿接缝向下折成 150° 左右，如图 1-47 所示，然后用胶木锤将焊缝处校正接平。

（2）正常焊接。

从接缝一端预留出 30mm 处施焊，其目的是使焊缝处于板内，传热面积大，基体熔化时，周围温度已升高，冷凝时不易出现裂纹。施焊到终点时，整个板材温度已升高。再焊预留的一段焊缝，接头处应重叠 5mm 左右，如图 1-48 所示。

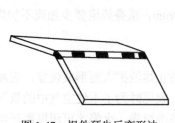

图 1-47　焊件预先反变形法

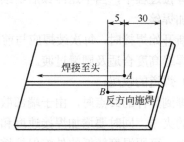

图 1-48　起焊点的确定

采用左焊法时，焊接速度要随焊件熔化的情况而变化。要采用中性焰，并对准接缝的中心线，使焊缝两边缘熔合均匀，背面焊透且要均匀。焊丝位于焰心前下方2~4mm处，若在熔池边缘处被粘住，可用火焰加热焊丝与焊件接触处，即可自然脱离，切不可用力拨焊丝。

在焊接过程中，如发现熔池不清晰，有气泡、火花飞溅或熔池沸腾现象，原因是火焰性质发生变化，应及时将火焰调节成为中性焰后再进行焊接；始终保持熔池大小一致才能焊出均匀的焊缝。

控制熔池的大小可通过改变焊炬角度、高度和焊接速度来调节。如熔池过小，焊丝不能与焊件熔合，仅敷在焊件表面，表明热量不足，应增加焊炬倾斜角，减慢焊接速度；如熔池过大，且没有流动金属时，表明焊件被烧穿，此时应迅速提起火焰或加快焊接速度，减小焊炬倾斜角，并多加焊丝。若熔池金属被吹出或火焰发出"呼呼呼"响声，则表示气体流量过大，应立即调节火焰能率；若焊缝达高，与基体金属熔合不圆滑，则表明火焰能率低，应增加火焰能率，减慢焊接速度。

在焊件间隙大或焊件薄的情况下，为防止接头处熔化过快，应将火焰的焰心指在焊丝上，使焊丝阻挡部分热量。在焊接结束时，将焊炬火焰缓慢提起，使焊缝熔池逐渐减小。为防止收尾时产生气孔、裂纹和熔池没填满产生凹坑等缺陷，可在收尾时多加一点焊丝。但对接焊缝尺寸也是有一定要求的，见表1-11。

表1-11　对接焊缝尺寸的一般要求

焊件厚度/mm	焊缝高度/mm	焊缝宽度/mm	层数
0.8~1.2	0.5~1	4~6	1
2~3	1~2	6~8	
4~5	1.5~2	8~10	1~2
6~7	2~2.5		2~3

3. 平角焊

（1）外平角焊。

外平角焊的操作方法如图1-49所示，在焊接3mm以下的焊件时，焊接火焰一般不做摆动，只需要平稳均匀向前移动。焊丝的一端在焊缝的熔池内一下一下送进去，不要点在熔池的外面，以免粘住焊丝。在正常的焊接过程中，向熔池中送进，焊丝的速度应是均匀的。如果速度不均匀，会使焊缝金属高低不平、宽窄不一。

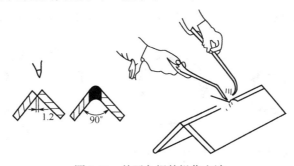

图1-49　外平角焊的操作方法

如果发现熔池金属有下陷的现象，送进焊丝的速度在加快。有时仅焊丝加快送进还不能解除下陷现象，就需减小焊炬倾斜角，并做上下摆动，使火焰多接触焊丝，并加快焊接速度。

特别是焊缝间隙太大时,在可能烧穿的情况下,更需如此。

如发现焊缝两侧温度低,焊缝熔池深度不够时,送进焊丝的速度要慢些,焊接速度也要慢些,或适当加大火焰能率,增加焊炬倾斜角。

在焊接 4mm 以上的焊件时,焊炬要前后轻微摆动,焊丝也应慢慢地送进熔池,以供给填充金属。

（2）内平角焊。

内平角焊的操作如图 1-50 所示,焊接时,不仅要根据焊件的厚度掌握焊炬的倾斜角,还要根据焊缝的位置来决定火焰偏向的角度。

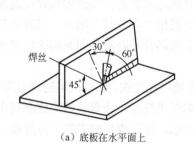

（a）底板在水平面上　　　　（b）底板在立面上

图 1-50　内平角焊的操作

熔池要在两个焊件的接缝中间,不要出现一面大、一面小的现象。形成熔池后焊炬火焰要做螺旋形摆动,均匀地向前移动。为避免因焊丝遮挡熔池上部立面的金属,使得熔池金属的上部温度过高而形成咬边,焊接时,焊丝要加在熔池的上半部,并使焊丝和立面的角度小一些。

为利用火焰喷射的吹力把一部分液体金属吹到熔池上部,使得焊缝金属上、下均匀,同时使上部液体金属温度很快地下降,早些凝固,以免流到下边形成上薄下厚的不良现象,焊接时,焊嘴火焰做螺旋形摆动,内角平焊的焊缝形状如图 1-51 所示。

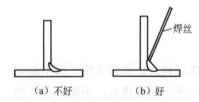

（a）不好　　　（b）好

图 1-51　内角平焊的焊缝形状

4. 管子焊接

（1）定位焊。

可根据接头的形状和管子的直径大小,采用不同的定位焊点定位,如直径小于 70mm 可定位 2 点,直径为 100～300mm 时,定位 4～6 点,直径为 300～500mm 时,定位 6～8 点,如图 1-52 所示。

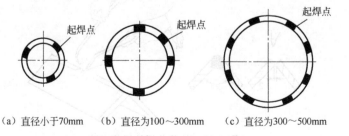

（a）直径小于70mm　　（b）直径为100～300mm　　（c）直径为300～500mm

图 1-52　不同管径定位焊及起点

定位焊是非常重要的一道工序,定位焊缝必须焊透,否则会直接影响到焊接的质量。因此在操作中必须注意以下几个方面。

① 定位焊应采用与正式焊接相同的焊丝和火焰性质。

② 焊点的起头和结尾应圆滑过渡。

③ 开有坡口的焊件定位焊时，其余高不应超过焊件宽度的 1/2。

（2）校正。

校正对焊接质量起到很重要作用，也是不可缺少的一道工序，它可保证焊件相互位置，减少焊接变形，保证所需要的间隙等。

小直径管子在圆棒上校正，较大直径管子可在平台上或导轨上校正。手锤的工作面和圆棒、平台及导轨的表面都应光滑，以免将管子压伤。

（3）正常焊接。

由于管子的工作条件不同，对焊缝质量的要求也不同，对受高压的管子焊接，要保证单面焊双面成形，以达到高耐压强度。对工作压力低的管子焊接，一般只需要保证焊缝不漏，能达到一定强度即可。

当管子壁厚为 2.5mm 以下时，不开坡口进行焊接，但必须有一定间隙，其目的是为了焊透。管子壁厚大于 3mm 时，为了使焊缝熔透，需将管子开 "V" 形坡口，同时留有钝边，钝边和间隙的大小均应合适，如果钝边太大和间隙太小时，易造成焊不透，降低接头强度；如果钝边太小及间隙太大时，容易烧穿或造成接头内壁焊瘤。为了在施焊时，既要焊透，又要防止烧穿和产生焊瘤，一般采用两层焊或多层焊。焊缝的余高不得超过 1～2mm，其宽度应盖过坡口边缘 1～2mm，并应均匀平滑地过渡到基本金属。管子对接时的坡口尺寸和装配间隙要求见表 1-12。

表 1-12　管子对接的坡口尺寸和装配间隙

接头形式	壁厚/mm	坡口角度/°	钝边/mm	间隙/mm
不开坡口对接	≤2.5	—	1.0～2.0	
开坡口对接	2.5～4	60～70	0.5～1.5	1.5～2.0
	4～6	60～80	1.0～1.5	2.0～3.0
	6～10	60～90	1.0～2.0	

管子焊接时要根据可转动和不可转动两种情况来选择适合的焊接方法。

（1）可转动管子对接焊。

由于管子可以自由转动，因此焊缝熔池可控制在方便的水平位置施焊。其焊接方法有两种。

一种是将管子定位焊一点，从定位焊点相对称的位置开始施焊，中间不要停顿，直焊到与起焊点重合为止，如图 1-53（a）所示。另一种焊接方法可分为两次焊完，即由一点开始起焊，两条焊道往相反的方向前进，然后相遇重合为止，如图 1-53（b）所示。

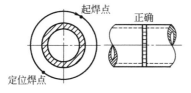

（a）转动管子焊接方法一

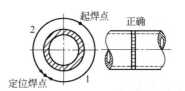

（b）转动管子焊接方法二

图 1-53　管子焊接的方法

对于厚壁开有坡口的管子，应采用爬坡焊，即在半立焊位置施焊，不能处于水平位置焊接。因为管壁厚，加入熔池的填充金属多，加热时间长。若用平焊，则难得到较大的熔深，焊缝成形也不美观。具体操作可用左焊法，也可以用右焊法。用左焊法进行爬坡焊时，将熔池控制在与管子水平中心线上方成 50°～70° 进行焊接，如图 1-54（a）所示。这样可以加大熔透深度，控制熔池形状，使接头均匀熔透，同时使填充金属的熔滴自然流向熔池下部，使焊缝成形快，且有利于控制焊缝的高度。

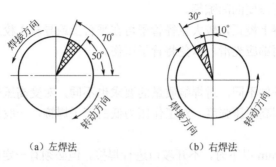

（a）左焊法　　　　　　（b）右焊法

图 1-54　厚壁管子的焊接方法

如用右焊法，火焰指向已熔化金属部分，为防止熔化金属被火焰吹成焊瘤，熔池应控制在与垂直中心线成 10°～30° 角度范围内施焊，如图 1-54（b）所示。

对于开坡口的管子，可分成三层焊接。

第一层焊嘴和管子表面的倾斜角度为 45° 左右，火焰焰心末端距熔池 3～5mm。当看到坡口钝边熔化并形成熔池后，马上把焊丝送入熔池前沿，使之熔化填充熔池。焊炬的移动方式为圆圈式前进，焊丝同时不断地向前一起移动，焊件底部要保证焊透。

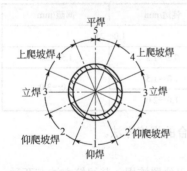

图 1-55　水平固定位置管子焊接位置

第二层焊接时，焊炬要做适当地横向摆动。

第三层的焊接方法和第二层相同，但火焰能率应略小一些，这样可使焊缝成形美观。

（2）水平固定位置管子对接焊。

管子在水平位置上不可转动对接气焊，包括了所有的焊接位置，如图 1-55 所示。每层焊道都分两次完成，从图 1-55 中的点 1 开始，沿接缝或坡口焊到 5 的位置结束。

在焊接过程中，应当灵活地调整焊丝、焊炬和管子之间的夹角，以保证不同位置的熔池形状，使之既能保证熔透，又不产生过热和烧穿现象。

水平固定管子气焊时，起点和终点处应相互重叠为 10～15mm，以避免起点和终点处产生缺陷。

四、气焊操作实例

1. 板的平敷焊

（1）焊件的准备。

焊件以低碳钢材料为好，板厚度为 2～4mm，长度和宽度都控制在 200mm 以上。去净边角毛刺、倒钝棱边。

（2）焊丝的选用。

焊丝选用一般的铁丝或牌号为 H08 的焊丝都可以，焊丝直径控制在 2～3mm。使用前将焊丝或铁丝截取成长度为 500mm 左右的短条若干，并捋直齐整，以便焊接时好把持。

（3）焊件清理。

工件在被焊接之前一般都有不同程度的氧化皮、铁锈、油污等妨碍焊接质量的表面物质，必须用磨光机、钢丝刷、砂布清理干净，使焊接工件的表面显露出金属的本来光泽。焊接要求严格的工件清理，可以适当使用化学处理的方法进行，而且焊丝也要用砂布进行必要的抛光，最好焊接时不使用镀锌的铁丝，以免焊接时产生有毒的氧化锌气体。

（4）焊件的划线。

工件的划线是焊接的重要步骤，为了保证焊道的有序排列，应用石笔在被焊接的工件上均匀地划出间隔 15～20 mm 的直线，如图 1-56 所示，石笔的划线部位最好窄一点，让划出来的线条清晰明了，而且细腻，便于观察和焊接。

（5）焊件的摆放。

为了便于焊接时的操作，焊件最好是垫高 150～200mm，不要直接放在水泥地面上，以免水泥地面被焊接火焰的高温烤至爆裂而引起事故，最好是在焊接的工件下面垫一块比焊接工件略小的铁块或其他不易燃烧和爆裂的块状物，如图 1-57 所示。

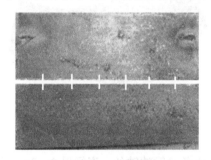

图 1-56　工件的划线

图 1-57　焊件的摆放

（6）焊接工艺参数的制定。

板的平敷焊接工艺参数可按照表 1-13 参考进行。

表 1-13　板的平敷焊接的工艺参数

焊炬-焊嘴型号	氧气工作压力/MPa	乙炔工作压力/MPa	焊炬的运动方式	火焰能率		火焰性质	焊缝层数
H01-6（2 号）	0.2～0.3	0.001～0.1	直线形、锯齿或月牙形	直线形	适中	轻微氧化焰	单层
				小锯齿或月牙形	稍大		

（7）气焊操作。

准备工作完成之后，按规定的合理焊接工艺参数，采用蹲式或坐式的方法（如图 1-58 所示），完成焊件的焊接。板焊接完成后如图 1-59 所示。

2. 薄板对接平焊

厚度小于 2mm 的板材就可以称为薄板了。薄板的对接平焊与平敷焊接的操作方法大致相似，只是两块钢板是以对接形式形成焊接接头。

（1）焊件的准备。

焊件为低碳钢钢板，长×宽×厚为 200mm×50mm×1.5mm，每组两块以上，如图 1-60 所示。

（a）蹲式　　　　　　　　　　　　　　　　　（b）坐式

图 1-58　板平敷焊接姿势

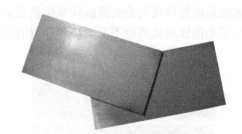

图 1-59　板平敷焊接完成图　　　　　　　　　　图 1-60　薄板焊件的准备

（2）焊丝的选用。

焊接小于 2mm 薄板时一般选用的焊丝为 H08A 或者一般的铁丝，直径以 2～3mm 为好，使用前最好是截取成 500mm 左右的小段，以便使用方便，并捋直为好。

（3）焊件的清理。

将焊接工件的板边有侧边缘约 15～20mm 位置的表面氧化皮、铁锈或油污等用磨光机或钢丝刷及砂布清刷干净，让焊件的表面露出金属光泽，如图 1-61 所示。

（4）焊件的划线。

焊件的划线是焊接的重要步骤，为了保证焊道的有序排列，应用石笔在被焊接的工件上均匀地划出间隔 15～20 mm 的直线，石笔的划线部位最好是窄一点，让划出来的线条清晰明了，而且细腻，便于观察与焊接。

（5）焊接工艺参数。

对薄板的焊接制定如表 1-14 所示的焊接工艺参数。

表 1-14　薄板焊接时的焊接工艺参数

板厚	焊炬-焊嘴型号	氧气工作压力/MPa	乙炔工作压力/MPa	焊炬的运动方式	火焰能率	火焰性质	焊缝层数
1mm 左右	H01-6（1 号）	0.1～0.2	0.001～0.1	直线形	适中	中性焰	单层
2 mm 左右	H01-6（2 号）	0.1～0.2	0.001～0.1	直线或锯齿形	稍大	轻微氧化焰	单层

（6）气焊操作。

将待焊接薄板料水平放在焊接工作台上，根据合理的焊接工艺参数进行气焊，如图1-62所示。

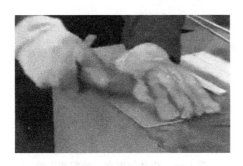

图1-61 焊件的清理

图1-62 薄板的对接平焊

3. 板的平角焊

（1）焊件的准备。

焊件为低碳钢板，要求每组两块以上，长×宽×厚为200mm×50mm×3mm。

（2）焊丝的选用。

平角焊接小于3mm薄板时一般选用的焊丝为H08A或者一般的铁丝，直径以2～3mm为好，使用前最好截取成500mm左右的小段，以便使用方便，并将直为好。

（3）焊件的清理。

将焊接工件的板边有侧边缘约5～20mm位置的表面氧化皮、铁锈或油污等用磨光机或钢丝刷及砂布清刷干净，让焊件的表面露出金属光泽。

（4）焊接工艺参数。

板的平角焊焊接工艺参数见表1-15。

表1-15 板的平角焊焊接工艺参数

板厚/mm	焊炬-焊嘴型号	氧气工作压力/MPa	乙炔工作压力/MPa	焊炬的运动方式	火焰能率	火焰性质	焊缝层数
1～3	H01-6（2号）	0.2～0.25	0.001～0.1	直线形	适中	中性焰	单层
3～5	H01-6（3号）	0.25～0.3	0.002～0.1	斜圆圈或锯齿形	稍大	轻微氧化焰	单层

（5）气焊操作。

① 外平角焊。焊件的形态、装配和定位如图1-63所示。

图1-63 焊件的形态、装配和定位

采用左向焊接，焊接时其焊嘴的倾斜角度一般为 70°～80°，即可进入施焊的状态，如图 1-64 所示。

② 内平角焊。焊件的形态、装配和定位如图 1-65 所示。

图 1-64　工件的预热与起焊

图 1-65　焊件的形态、装配和定位

板平角焊采用如图 1-66 的操作方法进行焊接。为防止焊道出现上薄下厚的现象，焊接时焊嘴火焰做螺旋形摆动，如图 1-67 所示。

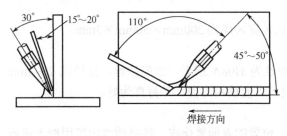

图 1-66　板平角焊的操作方法

图 1-67　焊接火焰的螺旋状摆动

五、气焊中常见故障及排除方法

1. 不正常的焊炬火焰

不正常的焊炬火焰从形状上看基本有三种：弯曲形、扫帚形、圆头形，如图 1-68 所示。

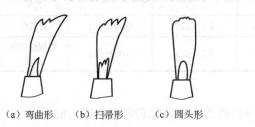

（a）弯曲形　（b）扫帚形　（c）圆头形

图 1-68　不正常的焊炬火焰

不正常的焊炬火焰产生的原因如下所述。

① 金属飞溅物及熔渣堵塞焊嘴或进入焊嘴内，破坏气体的正常流出。

② 焊嘴经过长时间使用，火口处局部金属被烧损，气体达到火口处不能按正确的方向流出。

③ 由于经常用通针进行风线的清理或维护方法不得当，造成焊嘴孔端部成直筒形或喇叭形，火焰能率不能集中，无法保证火焰正常形状。

不正常焊炬火焰排除方法如下所述。

① 焊嘴外部的飞溅物或熔渣可用扁通针的平端将其刮去，或用细小的锉刀将焊嘴的飞溅物除去。焊嘴内的飞溅物或熔渣很容易造成焊嘴的堵塞，以致出现焊接的中断或"放炮"。如果堵塞严重，可将焊嘴从焊炬上拧下来，用扁通针的尖端插入焊嘴，通过转动焊嘴来清除。

② 烧损部分可用锉刀锉掉，保证火口部位的几何形状不变，或将焊嘴拧下来放在平台上，用圆头小手锤轻轻敲打焊嘴火口部位，即"收口"，再用锉刀锉平，并用扁通针刮出锥形形状。损坏严重的应该更换新的焊嘴，更换新的焊嘴后要注意火焰的燃烧情况，调试风线的大小及集中的程度后，才能正常的使用。

③ 可采用"收口"的方法恢复形状，再用扁通针尖端刮出正确的焊嘴几何形状。注意用扁通针进行修刮时一定要用力适当，速度要均匀，切不可再造成新的伤害。

2. 不正常的预热火焰

不正常的预热火焰包括火焰的不整齐和火焰的不对称。不整齐的火焰是由于割嘴环形孔内有飞溅物，使气流的正常流动受到了阻碍，因此在燃烧的过程中就出现了火焰的不整齐。遇到这种情况时，可把割嘴卸下来用通针来进行清理。火焰不对称是由于割嘴外套与内芯没有装配好，环形孔不在高压切割氧孔的中心，也就是风线中心和气割混合气流不对称造成的，或者是在使用的过程中由于操作不当导致的。可以将焊嘴卸下后，重新调整外套与内芯的位置来解决，要做到边调整边进行点火的试验，直到火焰的对称完全达到要求为止。

项目 2

气　　割

气割是利用气体的热量将金属待切割处附近预热到一定的温度后，喷出高速氧流使其燃烧，以实现金属切割的方法，如图 2-1 所示。

图 2-1　气割操作

任务 1　认识气割设备与工具

本任务主要是让学生了解和认知气割所用设备与工具，可利用多媒体的形式展示气割设备与工具或组织学生进行现场观摩教学。

一、割炬

割炬是手工气割的主要工具，可以安装和更换割嘴，以及调节预热火焰气体和控制切割氧流量。

1. 射吸式割炬

射吸式割炬如图 2-2 所示，它与焊炬的原理相同，混合气体由割嘴喷出，点燃后形成预热火焰。乙炔气流量的大小由乙炔调节阀控制。不同的是另有切割氧气调节阀，专用于控制切割氧气流量。射吸式割炬可在不同的乙炔压力下工作，既能使用低压乙炔，又能使用中压乙炔。

2. 等压式割炬

按可燃气体与氧气的混合方式来分类，割炬还有等压式割炬，如图 2-3 所示。

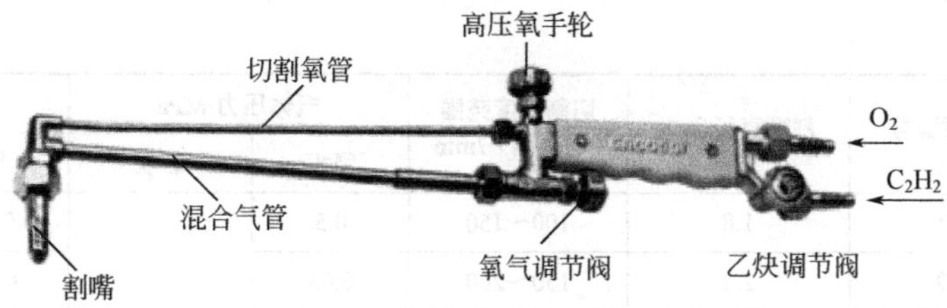

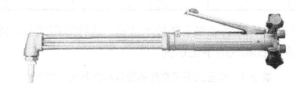

图 2-2　射吸式割炬

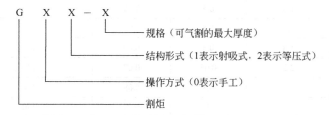

图 2-3　等压式割炬

　　等压式割炬的预热火焰是按照等压式焊炬的原理形成的。乙炔、预热氧、切割氧分别由单独的管路进入割嘴，预热氧和可燃气体在割嘴内开始混合而产生预热火焰。等压式割炬有专门的等压割嘴，它适用于中压乙炔，火焰燃烧的稳定，不易回火，目前已经在生产中得到了越来越多的使用。等压式手工割炬的切割氧阀门采用手压式，操作性好，有利于提高气割的质量。

　　3. 割炬的主要技术参数

　　割炬的型号是由汉语拼音字母 G、结构形式、操作方式和规格组成的，如图 2-4 所示。

```
G    X    X  - X
               └── 规格（可气割的最大厚度）
          └── 结构形式（1表示射吸式，2表示等压式）
     └── 操作方式（0表示手工）
└── 割炬
```

图 2-4　割炬的型号

　　常用割炬的型号有 G01-30、G01-100、G01-300 和 GD1-100。前三种为射吸式，后一种为等压式。射吸式割炬的主要技术数据见表 2-1。

表 2-1　射吸式割炬的主要技术数据

割炬型号	割嘴型号	割嘴直径/mm	切割厚度范围（低碳钢）/mm	气体压力/MPa		气体耗量（m³/h）	
				氧气	乙炔	氧气	乙炔
G01-30	1	0.7	3.0～1.0	0.2		0.8	0.21
	2	0.9	10～20	0.25		1.4	0.24
	3	1.1	20～30	0.3	0.001～0.1	2.2	0.31
G01-100	1	1.0	20～40	0.3		0.2～2.7	0.35～0.4
	2	1.3	40～60	0.4		3.5～4.2	0.4～0.5
	3	1.6	60～100	0.5		5.5～7.3	0.5～0.6

割炬型号	割嘴型号	割嘴直径/mm	切割厚度范围（低碳钢）/mm	气体压力/MPa		气体耗量（m³/h）	
				氧气	乙炔	氧气	乙炔
G01-300	1	1.8	100～150	0.5		9.0～10.8	0.6～0.78
	2	2.2	150～200	0.65		11～14	0.8～1.1
	3	2.6	200～250	0.8		14.5～18	1.15～1.2
	4	3.0	250～300	1.0		19～26	1.25～1.6

表 2-2 是等压式手工割炬的型号和主要技术数据。这种等压式割炬除了可用于氧-乙炔的切割外，也可用于氧-液化石油气的手工切割。

表 2-2　等压式手工割炬的型号和主要技术数据

割炬型号	割嘴号码	切割气孔径/mm	氧气工作压力/MPa	乙炔工作压力/MPa	可见切割氧气流的长度（不小于）/mm	割炬总长度/mm
G02-100	1	0.7	0.2	0.04	60	550
	2	0.9	0.25	0.04	70	
	3	1.1	0.3	0.05	80	
	4	1.3	0.4	0.05	90	
	5	1.6	0.5	0.06	100	
G02-300	1	0.7	0.2	0.04	60	650
	2	0.9	0.25	0.04	70	
	3	1.1	0.3	0.05	80	
	4	1.3	0.4	0.05	90	
	5	1.6	0.5	0.06	100	
	6	1.8	0.5	0.06	110	
	7	2.2	0.65	0.07	130	
	8	2.6	0.8	0.08	150	
	9	3.0	1	0.09	170	

4. 焊割两用炬

焊割两用炬即在同一炬体上装上气焊用附件可进行气焊、装上气割用附件可进行气割的两用工具，如图 2-5 所示。在一般情况下装成割炬形式，当需要气焊时只需要拆卸下气管及割嘴，并关闭高压氧气阀门即可。表 2-3 列出了常用割焊两用炬的型号和主要技术数据，操作时可供选择和参考。

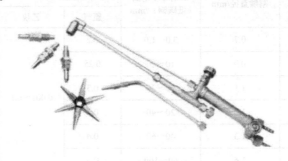

图 2-5　焊割两用炬

表 2-3　常用割焊两用炬的型号和主要技术数据

表 2-3　常用割焊两用炬的型号和主要技术数据

型号		HG01-3/50	HG01-6/60	HG01-12/200
焊炬	乙炔工作压力/kPa	1~100	1~100	1~100
	氧气工作压力/kPa	200~400	200~400	400~700
	配用焊嘴数	5	5	5
	可焊接厚度/mm	0.5~3	1~6	6~12
割炬	乙炔工作压力/kPa	1~100	1~100	1~100
	氧气工作压力/kPa	200~600	200~400	300~700
	配用割嘴数	2	4	4
	切割低碳钢厚度/mm	3~50	3~60	10~200
焊割炬总长/mm		400	500	550

5. 割炬的使用与维修

（1）割炬的使用。

焊炬的使用规则基本上也适合于割炬。除此之外，割炬的使用规则还要注意以下几点。

① 回火时应立即关闭预热氧阀门，然后关闭乙炔，最后关切割氧。在正常工作时，应先关切割氧，再关乙炔，最后关预热氧阀门。

② 割嘴通道应经常保持清洁、光滑，孔道内的污物应随时用透针清除干净。

（2）割炬的维修。

割炬使用时常常会出现各种故障，其维修应注意下面几个方面。

① 除与焊炬一样发生漏气和堵塞现象外，常出现的问题还有环形割嘴的内嘴与外嘴偏心和风线不直。这时应将外嘴拆下，按偏心的方向轻轻地用木棒敲打外套肩部，校正内嘴和修正风线，调整同心后再继续使用。

② 点火后火焰调整正常，打开高压氧气时立即灭火。其原因是嘴头和割炬接合面不严。处理方法：将嘴头套紧，如果无效，再拆下嘴头，用细砂纸放在手心上轻轻地研磨嘴头端面。

③ 点火后，开预热氧气阀调整火焰时立即灭火。其原因是混合室存有脏物或喇叭口接触不严，以及嘴头内外圆间隙配合不好。处理方法：将混合室螺丝拧紧。无效时，再拆下混合室，清除灰尘和脏物或调整嘴头内外圆间隙。

④ 火焰调整正常后，嘴头发出有节奏的"叭叭"响声，同时，火焰不灭，而切割氧开得过大时，立即灭火。少开切割氧时，火焰不灭，而且还能工作。其原因是割嘴漏气（嘴芯与割嘴座之间螺纹不严）。处理方法：拆下嘴子外套。轻轻拧紧嘴芯便可。无效时，拆下来，用石棉绳做成垫垫上。

二、割嘴

割嘴是割炬的关键部件，割嘴的结构和加工精度对气割的质量、生产率和操作性能都有很大的影响。

1. 割嘴的工作原理

气割时，先稍微开启预热氧调节阀，再打开乙炔调节阀并立即进行点火。然后增大预热氧的流量，氧气与乙炔混合后从割嘴混合气体孔喷出，形成环形的预热火焰，对工件进行预热。待起割处被预热至燃点时，立即开启切割氧调节阀，使金属在氧气流中燃烧，并且氧气流可将割缝处的熔渣吹走，不断地移动焊炬，在工件上就形成了割缝，直到完全把工件分割开来。

2. 割嘴的种类

实际应用的割嘴种类有很多。

① 按照割炬和预热气体混合方式的不同分为射吸式、等压式和外混式三种。

② 按使用燃气的类型分为乙炔用割嘴和液化石油气、天然气用割嘴。

③ 按预热燃气孔道的形状分为环形、梅花形和齿槽形割嘴，如图 2-6 所示。

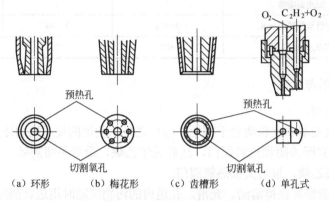

（a）环形　　　　（b）梅花形　　　　（c）齿槽形　　　　（d）单孔式

图 2-6　割嘴的预热孔形式

④ 按切割氧孔道的形状分为直筒形、扩散形（拉伐尔喷管形）和端部扩口形割嘴，如图 2-7 所示。

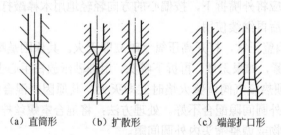

（a）直筒形　　　　（b）扩散形　　　　（c）端部扩口形

图 2-7　割嘴的切割氧孔道形状

⑤ 按割嘴切割氧孔道的数目分为单氧孔、双氧孔和三氧孔割嘴。

⑥ 按割嘴结构分为整体形、组合形和分体形（预热嘴与切割嘴分列）。

此外，还有氧帘割嘴、接触式割嘴、表面气割割嘴等特种割嘴。常用割嘴的种类及其适用性见表 2-4。

表 2-4　常用割嘴的种类和适用性

割　　嘴	适用性
直筒形割嘴（即普通割嘴） 射吸式 等压式	适用于手工切割厚 3～300mm 钢材 适用于手工和机械化切割 4～500mm 钢材
扩散形割嘴（即快速割嘴） 切割氧压力 490kPa（5kgf/cm²）等压式 切割氧压力 690kPa（7kgf/cm²）等压式	适用于机械化切割厚 5～200mm 钢材。切割速度快，切割厚板时切割面光洁，也适用于成叠（多层）钢板的切割

割　嘴	适用性
分列式割嘴（预热嘴和切割嘴氧流之间附加低速保护氧的割嘴）	适用于半机械化切割厚 4～50mm 钢材。切割速度比普通割嘴速度快，切割面粗糙度低
氧帘割嘴（即在预热火焰与切割分开的割嘴）	适用于机械化切割厚 3～30mm 钢材。切割速度快，切割面光洁、优良
外混式割嘴（燃气与预热氧在割嘴端部外面大气中混合并燃烧的割嘴）	适用于机械化切割厚 100～3600mm 钢材和连续铸锭中切割锭坯
表面气割嘴	火焰气刨用。适用于焊缝背面清根、刨槽和清除工件上的焊疤等

在实际生产中最常用的割嘴是氧-乙炔焰射吸式割炬割嘴，如图 2-8 所示，其尺寸规格见表 2-5。

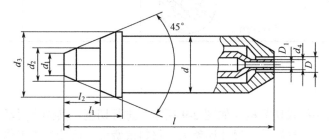

图 2-8　氧-乙炔焰射吸式割炬割嘴的结构

表 2-5　氧-乙炔焰射吸式割炬割嘴的尺寸规格（mm）

尺寸 ＼ 型号	G01-30			G01-100			G01-300			
l	≥55			≥65			≥75			
l_1	16			18			19			
l_2	10			11.5			12			
d	$13^{-0.015}_{-0.026}$			$15^{-0.015}_{-0.026}$			$16.5^{-0.015}_{-0.026}$			
d_1	4.5			5.5			5.5			
d_2	7			8			8			
d_3	16			18			19			
嘴号	1	2	3	1	2	3	1	2	3	4
D	2.9	3.1	3.3	3.5	3.7	4.1	4.5	5.0	5.5	6.0
D_1	0.7	0.9	1.1	1.0	1.3	1.6	1.8	2.2	2.6	3.0
d_4	2.4	2.6	2.8	2.8	3.0	3.3	3.8	4.2	4.5	5.0

射吸式割炬的割嘴和焊嘴的截面形状不同，其火焰的分布状态也不相同，见表 2-6。

表 2-6　射吸式割炬的割嘴和焊嘴及其火焰的分布状态

名称		图示	气孔形状	火焰分布
焊嘴		混合气体喷孔	混合气孔为一小圆孔	气焊火焰呈圆锥形
焊嘴	环形割嘴	混合气体喷孔 切割氧喷孔	混合气喷孔呈环形或梅花形	气割火焰呈环状分布
	梅花形割嘴	混合气体喷孔 切割氧喷孔		

3. 气割机

（1）手工切割机。

手工切割采用手持式切割机（如图 2-9 所示）进行切割，其操作灵活方便，但手工切割质量差、尺寸误差大、材料浪费大、后续加工工作量大，同时劳动条件恶劣，生产效率低。

（2）半自动气割机。

半自动气割机是一种最简单的机械化气割设备，它的工作原理一般是由一台小车带动割嘴在专用轨道上自动地移动，但轨道的方向位置需要人工调整。当轨道是刚性成直线时，割嘴可以进行直线气割；当轨道是挠性或呈一定的曲度时，割嘴可以进行一定曲度的曲线气割；如果轨道是一根带有磁铁的导轨，小车利用爬行齿轮在导轨上爬行，割嘴可以在倾斜面或垂直面上气割，但小车与导轨间应有扣联装置，以防小车坠落。

图 2-9　手持式切割机

半自动气割机的最大特点是轻便、灵活、搬动方便。目前用得最多的是气割直线。常用的半自动气割机如图 2-10 所示。其结构简单，操作方便，在切割过程中，可在一个很小的半径范围内快速改变切割方向，所需辅助时间短，广泛用于造船、桥梁及重工业机械，也适用于大中小型切割钢板之用。

这种半自动气割机机体采用铸铝外壳，机身上装有小车行走机构、气体分配器、控制板和割嘴支持架等。行走机构由功率为 24W 的电动机带动，经减速器后，驱动主动轴带动小车行走，而从动轮在割圆形割件时，可松动固定螺母，使其自动适应转动方向。供割嘴用的氧气乙炔气体由气体分配器供给，也可经过改装则不需经分配器而直接供给。控制板上装有可控硅调速线路，可以对小车行走速度进行均匀而稳定地调节。在割嘴支持架上，安装有调节割嘴横向移动、升降移动和倾斜角度的支架，可以随时按工作要求对割嘴进行调整。

半自动气割机沿着导轨行走，就可进行直线气割。如换上半径杆，把从动轮的固定螺母松开，使从动轮处于自由状态，小车就能进行圆周运动，气割出圆弧曲线。

气割机的割炬配有三个大小不同的割嘴，在气割不同厚度钢板时，可按表 2-7 中的工艺参数选用。

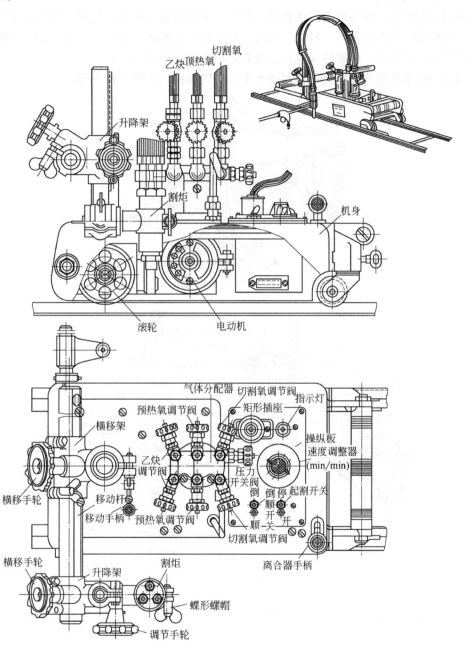

图 2-10　半自动气割机

表 2-7　气割机割嘴大小与气割工艺参数的关系

割嘴号码	气割厚度/mm	氧气压力/MPa	乙炔压力/MPa	气割速度/mm/min
1	50～20	0.25	0.02	500～600
2	20～40	0.25	0.025	400～500
3	40～60	0.30	0.04	300～400

（3）仿形气割机。

仿形气割机是一种高效率的半自动气割机，可以方便又精确地气割出各种形状的零件。仿形气割机的结构有两种：一种是门架式，另一种是摇臂式。其工作原理主要是由靠轮沿样板仿形带动割嘴运动，而靠轮又包括磁性靠轮和非磁性靠轮两种。

CG2-150 型仿形气割机是一种高效率半自动气割机，如图 2-11 所示。

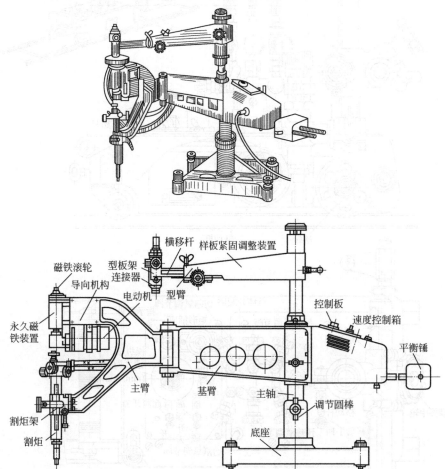

图 2-11　CG2-150 型仿形气割机

该设备结构比较简单，主要由基臂、主臂、仿形机构、割嘴架、样板架、底座、竖柱、平衡锤等几部分组成。

机身和大部分附件由铝合金制成，质量较轻，安装有输出功率为 2kW、110V 的直流伺服电机，直接与齿轮减速机构相连。它的速度靠控制箱内的可控硅调整，通过正、反转开关可做顺、逆方向的旋转，以带动磁滚轮旋转。基臂能在竖柱上转动，而主臂与基臂是铰链连接，形成一个人的胳膊似的摇臂。磁头与割嘴分别装在主臂的上、下两个位置上，且两者的中心轴线相重合。当直径为 10mm 的磁滚轮沿样板边缘按一定速度行走时，摇臂就会自由弯曲，使割嘴割出与样板形状相同的零件。

使用 CG2-150 型仿形半自动气割机切割零件时，必须事先根据被割零件的形状设计样板。样板可用 2～5mm 的低碳钢板制成，其形状和被割零件相同，但尺寸不能完全一样，必须根据割件的形状和尺寸进行计算、设计。

根据割件的厚度选择割嘴。不同号码的割嘴各有自己的气割工艺参数，CG2-150 型仿形气割机用割嘴的技术特性见表 2-8。

表 2-8　CG2-150 型仿形气割机用割嘴的技术特性

割嘴号码	气割厚度/mm	割缝宽度/mm	氧气压力/MPa	乙炔压力/MPa	气割速度（mm/min）
1	5~20	2.0	0.25	0.02	500~600
2	20~40	2.6	0.25	0.025	400~500
3	40~60	3.2	0.30	0.04	300~400

4. 辅助工具

（1）滚轮托架。

手工气割较长的直缝时，可采用带滚轮的架子。单滚轮或双滚轮均可，图 2-12 所示为双滚轮托架。

（2）圆规。

当手工气割圆形零件时，可使用如图 2-13 所示的圆规。如果零件直径较小时，可不用滚轮，如果零件直径较大时，圆规杆较长时需要加滚轮来提高稳定性。

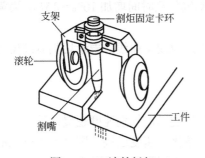

图 2-12　双滚轮托架

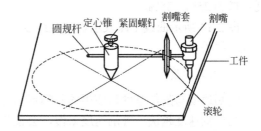

图 2-13　手工气割用圆规

任务 2　气割焊接工艺参数的选择

气割工艺参数主要包括切割氧压力、气割速度、预热火焰能率、割嘴与割件的倾斜角度、割嘴离割件表面的距离等。了解并掌握气割工艺参数的选择是本任务的重点，因为它直接影响到切口表面的质量，而且，气割工艺参数的选择主要取决于割件厚度。因此，建议在学习本任务时结合实际操作，将知识点分开逐个讲解。

一、气割焊接工艺参数

1. 气割氧压力

在割件厚度、割嘴型号、氧气纯度都已确定的条件下，气割氧压力的大小对气割有极大影响。如氧气压力不够，氧气供应不足，则会引起金属燃烧不完全，不仅降低气割速度，而且也不能将熔渣全部从割缝处吹除，使割缝的背面留下很难清除干净的挂渣，甚至还会出现割不透的现象。如果氧气压力过高，则过剩的氧气起冷却作用，不仅影响气割速度，而且使割口表面粗糙，割缝加大，同时也使氧气消耗量增大。

选择氧气压力的依据包括以下几点。

① 随割件厚度的增加而增大，或随割嘴号码的增大而增大。

② 氧气纯度降低时，由于气割时间增加，要相应增大氧气压力。

③ 当割件厚度小于 100mm 时，其氧气压力可参照表 2-9 选用。

表 2-9　钢板的气割厚度与气割速度、氧气压力的关系

钢板厚度/mm	气割速度（mm/min）	氧气压力/MPa	钢板厚度/mm	气割速度（mm/min）	氧气压力/MPa
4	450～500	0.2	30	210～250	0.45
5	400～500	0.3	40	180～230	0.45
10	340～450	0.35	60	160～200	0.5
15	300～375	0.375	80	150～180	0.6
20	260～350	0.4	100	130～165	0.7
25	240～270	0.425			

氧气纯度对气割速度、气体消耗量以及割缝质量有很大的影响。氧气的纯度低，金属氧化缓慢，使气割时间增加，而且气割单位长度割件的氧气消耗量也增加。例如，在氧气纯度为 97.5%～99.5% 的范围内，每降低 1% 时，1m 长的割缝气割时间增加 10%～15%，而氧气消耗量增加 25%～35%。

图 2-14 所示曲线 1 即表示切割氧纯度与气割时间的关系，曲线 2 表示切割氧纯度与氧气消耗量的关系。

2. 气割速度

气割速度与割件厚度和使用的割嘴形状有关。割件越厚，气割速度越慢；反之，割件越薄，则气割速度越快。气割速度太慢，会使割缝边缘熔化；速度过快，则会产生很大的后拖量（沟纹倾斜）或割不穿。气割速度的正确与否，主要根据割缝后拖量来判断。

所谓后拖量就是切割面上的切割氧流轨迹的始点与终点在水平方向上的距离，如图 2-15 所示。

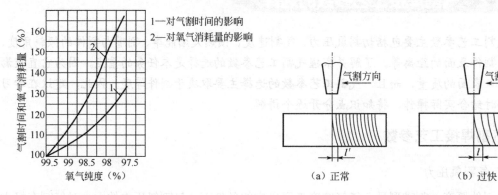

图 2-14　氧气纯度对气割时间和氧气消耗量的影响　　图 2-15　切割速度对后拖量的影响

气割时产生后拖量的原因主要包括以下几点。

① 切口上层金属在燃烧时所产生的气体冲淡了切割氧气流，使下层金属燃烧缓慢。

② 下层金属无预热火焰的直接预热，因而火焰不能充分对下层金属加热，使割件下层不能剧烈燃烧。

③ 割件下层金属离割嘴距离较大，氧流风线直径增大，切割氧气流吹除氧化物的动能降低。

④ 切割速度过快，来不及将下层金属氧化而造成后拖量，有时因后拖量过大而未能将割件割穿，使气割过程中断。

切割的后拖量是不可避免的，尤其是在切割厚钢板时更为突出。因此，要求采用的气割速度，应以使切口产生的后拖量较小为原则，从而保证气割质量。

3. 预热火焰能率

预热火焰的作用是把金属割件加热，并始终保持能在氧气流中燃烧的温度，同时使钢材表面上的氧化皮剥离和熔化，便于切割氧流与金属接触。预热火焰对金属加热的温度，低碳钢时为1100～1150℃。目前采用的可燃气体有乙炔和丙烷两种，由于乙炔与氧燃烧后具有较高的温度，因此气割时间比丙烷短。

气割时，预热火焰均采用中性焰或轻微的氧化焰。碳化焰不能使用，因为碳化焰中有剩余的碳，会使割件的切割边缘增碳。调整火焰时，应在切割氧射流开启前进行，以防止预热火焰发生变化。

预热火焰的能率以可燃气体（乙炔）每小时消耗量（L/h）表示。预热火焰能率与割件厚度有关。割件越厚，火焰能率应越大；但火焰能率过大时，会使割缝上缘产生连续珠状钢粒，甚至熔化成圆角，同时造成割件背面黏渣增多而影响气割质量。当火焰能率过小时，割件得不到足够的热量，迫使气割速度减慢，甚至使气割过程发生困难，在厚板气割更应注意。

当气割薄钢板时，预热火焰能率要小。如果气割速度较快，可采用稍大些的火焰能率，但割嘴应离割件表面远些，并保持一定的倾斜角度，防止气割中断；而在气割厚钢板时，由于气割速度较慢，为了防止割缝上缘熔化，可相对地采用较弱的火焰能率。

4. 割嘴与割件的倾斜角

割嘴与割件的倾斜角度，直接影响气割速度和后拖量。当割嘴沿气割相反方向倾斜一定角度时，能使氧化燃烧而产生的熔渣吹向切割线的前缘，这样可充分利用燃烧反应产生的热量来减少后拖量，从而促使气割速度的提高。进行直线切割时，应充分利用这一特性。

割嘴倾斜角大小，主要根据割件厚度而定。如果倾斜角选择不当，不但不能提高气割速度，反而使气割发生困难，同时增加氧气的消耗量。

当气割6～30mm厚钢板时，割嘴应垂直于割件。气割小于6mm钢板时，割嘴可沿气割相反方向倾斜5°～10°。气割大于30mm厚钢板时，开始气割时应将割嘴沿切割方向倾斜5°～10°，待割穿后割嘴垂直于割件，当快割完时，割嘴逐渐沿切割相反方向倾斜5°～10°。割嘴的倾斜角如图2-16所示。

5. 割嘴离工件表面的距离

为了减少周围空气对气割氧的污染而保持其纯度，同时又能充分利用高速氧气流的动能，在气割过程中，割嘴与割件表面的距离越近，越能提高速度和质量。但是距离过近，预热火焰会将割缝上缘熔化，被剥离的氧化皮会蹦起来堵塞嘴孔造成回烧、逆火现象，甚至烧坏割嘴。所以割嘴与割件表面的距离又不能太近。选择割嘴与割件表面的距离要根据预热火焰的长度和割件厚度，并使得加热条件最好。在通常情况下其距离为

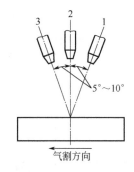

图2-16 割嘴的倾斜角
1—割嘴沿切割相反方向倾斜；2—割嘴垂直；3—割嘴沿切割方向倾斜

3～5mm，当割件厚度小于 20mm 时，火焰可长些，距离可适当加大；当割件厚度大于或等于 20mm 时，由于气割速度放慢，火焰应短些，距离应适当减小，如图 2-17 所示。

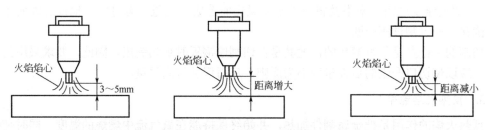

图 2-17　割嘴离割件表面的距离

当气割工艺参数选定后，气割质量的好坏还与钢材质量及表面状况（氧化皮、涂料等）、割缝的形状（直线、曲线或坡口等）等因素有关。

6. 气割顺序

正确的气割顺序应以尽量减小气割件的变形、维护操作者的安全、气割时操作顺手等为原则来考虑，各种焊件气割的顺序见表 2-10。

表 2-10　各种焊件气割的顺序

气割顺序	图　例	说　明
先直线后曲线		在同一个割件上面既有直线的切割又有曲线的切割，那么就应该先气割直线然后再气割曲线
先边缘后内部		同一个割件上既有边缘切割线又有内部切割线时，就应该先割边缘线后割中间内部
先大块再小块，最后孔		在同一个割件中既有大块又有小块和孔时，就要先气割小块，后气割大块，最后气割孔
先底边后垂边		同一割件上有相互垂直的割缝时，应先割底边，再割垂直边

气割顺序	图 例	说 明
先直线后槽	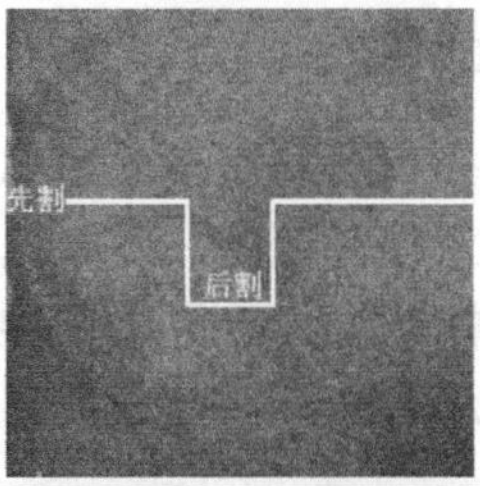	在同一割件上有一条长的直缝，且直缝上又需要开槽时，就要先切割直线，后割槽
圆弧或圆	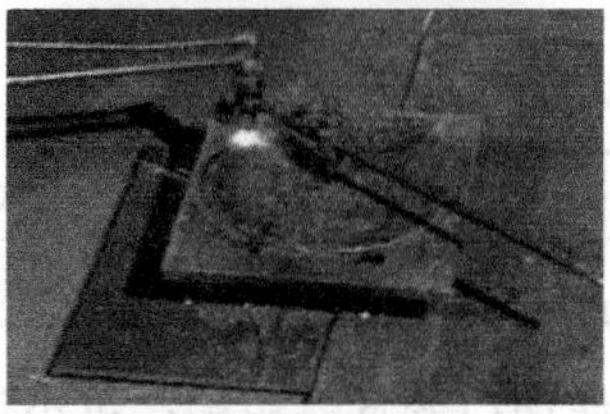	需先定好圆弧或圆的中心，切割时应保持圆心不得移动，最好用辅助的气割圆规进行切割

二、提高气割切口表面质量的途径

1. 气割切口表面质量较好的标志

① 切口表面应光滑干净，割纹要粗细均匀。
② 气割的氧化铁挂渣少，且容易脱落。
③ 气割切口的缝隙较窄，而且宽窄一致。
④ 气割切口的钢板边缘没有熔化现象，棱角完整。
⑤ 切口应与割件平面相垂直。
⑥ 割缝不歪斜。

2. 提高气割切口表面质量的途径

提高气割切口表面质量的途径见表 2-11。

表 2-11 提高气割切口表面质量的途径

途径	说 明
切割氧压力大小要适当	切割氧压力过大时，使切口过宽，切口表面粗糙，同时浪费氧气；过小时，气割的氧化铁渣吹不掉，切口的熔渣容易黏在一起不易清除
预热火焰能率要适当	预热火焰能率过大时，钢板切口表面棱角被熔化，尤其在气割薄件时，前面会产生割开，后面产生粘连在一起的现象；能率过小时，气割过程容易中断，而且切口表面不整齐
气割速度要适当	气割速度太快时，产生较大的后拖量，不易切透，甚至造成铁渣往上飞，容易发生回火现象；气割速度太慢时，钢板两侧棱角熔化，同时浪费气割气体，较薄的板材易产生过大的变形以及粘连现象，割后熔渣不易清理。气割速度适当时，熔渣和火花垂直向下飞去，切口光洁，熔渣容易清除（气割速度是否适当，可通过观察熔渣的流动情况和听气割时产生的声音加以判断和灵活控制）
割炬要平	气割时割炬应端平，使割嘴与割件两侧的夹角成 90°（如图 2-18 所示）。这样割完后，切口与割件平面就垂直。若割炬前高后低或前低后高，割嘴与割件两侧的夹角就不成 90°，气割后切口就会偏斜
操作要正确	手持割炬时，人要蹲稳，割炬要捏紧，呼吸要细，手勿抖动。并严格沿割线进行气割，以保证割缝的直线性
维护好工具	割炬要保持清洁，不应有氧化铁渣的飞溅物黏在嘴头上，尤其是割嘴内孔要保持光滑，使切割氧风线清晰笔直

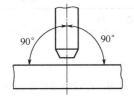

图 2-18　割嘴与割件两侧夹角

三、典型金属的气割工艺

1. 低碳钢气割工艺

低碳钢气割工艺参数包括预热火焰能率、氧气压力、切割速度、割嘴与割件距离及切割倾角。

① 预热火焰能率的大小要根据工件的厚度来选择，割炬与割嘴过大，切口表面棱角熔化；过小则切割过程不稳定，切口表面不整齐，预热火焰能率推荐值见表 2-12。

表 2-12　预热火焰能率推荐值

钢板厚度/mm	3～25	25～50	50～100	100～200	200～300
火焰能率（L/min）	5～8.3	9.2～12.5	12.5～16.7	16.7～20	20～21.7

② 根据工件厚度来选择氧气压力，过大使切口变宽、粗糙；过小使切割过程缓慢，易造成黏渣。氧气压力推荐值见表 2-13。

表 2-13　氧气压力推荐值

工件厚度/mm	3～12	12～30	30～50	50～100	100～150	150～200	200～300
切割氧压力/MPa	0.4～0.5	0.5～0.6	0.5～0.7	0.6～0.8	0.8～1.2	1.0～1.4	1.0～1.4

③ 切割速度与工件的厚度、割嘴形式有关，一般随工件厚度增大而减慢。太慢会使切口上缘熔化，太快则后拖量过大，甚至割不透。

④ 根据工件厚度及预热火焰长度来确定，一般以焰心尖端距离工件 3～5mm 为宜，过小会使切口边缘熔化及增碳，过大则使预热时间加长。

⑤ 工件厚度在 30mm 以下，后倾角为 20°～30°；工件厚度大于 30mm 时，起割时应为 5°～10° 前倾角，割透后割嘴垂直于工件，结束时为 5°～10° 的后倾角；机械切割及手工曲线切割时，割嘴应垂直于工件。

2. 叠板气割工艺要点

大批量薄板零件气割时，可将薄板叠在一起进行切割。切割前将每块钢板的切口附近仔细清理干净，然后叠合在一起，之间不能有缝隙。因此可采用夹具夹紧的方法。为使切割顺利，可使上、下钢板错开，形成端面叠层有 3°～5° 的倾角。

叠板切割可以切割厚度在 0.5mm 以上的薄板，总厚度不应大于 120mm。切割时的氧压力应增加 0.1～0.2MPa，速度应该慢些。采用氧-丙烷切割比氧-乙炔要优越。

3. 大厚度钢板气割工艺要点

大厚度钢板是指厚度在 300mm 以上的钢板。其主要问题是在工件厚度方向上的预热不均匀，下部的比上部的慢，切口后拖量大，甚至切不透，切割速度较慢。

大厚度钢板切割时应采用相应的工艺措施，如下所述。

① 采用大号的割炬和割嘴。切割时氧气要保证充足的供应，可将数瓶氧气汇集在一起。

② 切割时的预热火焰要大。要使钢板厚度方向全部均匀地加热，否则会出现未割透现象，如图 2-19 所示。

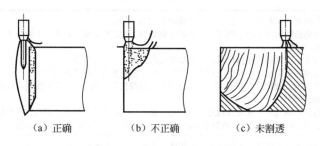

（a）正确　　　（b）不正确　　　（c）未割透

图 2-19　大厚度钢板的切割预热

4. 不锈钢的振动气割工艺要点

不锈钢振动气割的特点是在切割过程中使割炬振动，以冲破切口处产生的难熔氧化膜，达到切割金属的目的。

振动切割不锈钢时预热火焰应比切割碳素钢大而集中，氧气压力也要增大 15%～20%，采用中性火焰，如图 2-20 所示。

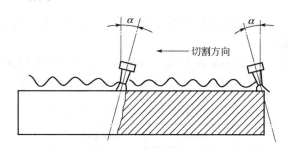

图 2-20　不锈钢的振动气割

切割开始时将工件边缘预热到熔融状态，打开切割氧阀门，稍许提高割炬，熔渣即从切口处流出，这时割炬做一定幅度的前后、上下摆动。振动的切割氧气气流冲破切口处产生的高熔点氧化铬，使铁继续燃烧，并通过氧气流的上下、前后冲击研磨作用，把熔渣冲掉，实现连续切割。

振动气割的振幅为 10～15mm，前后振幅应大些。频率为每分钟 80 次左右。切割时保持喷嘴具有一定的后倾角。

5. 铸铁的振动气割工艺要点

铸铁的振动气割与不锈钢振动气割类似。不同的是割炬不仅可以做上下、前后摆动，而且可以做左右的摆动。横向摆动振幅在 8～16mm，振动频率为每分钟 60 次左右。当切割一段后振幅频率可逐渐减小，甚至可以不振动，像一般的气割一样。

四、液化石油气与丙烷气气割工艺

1. 氧-液化石油气切割

（1）氧-液化石油气切割的优缺点。

氧-液化石油气切割的优缺点见表 2-14。

表 2-14　氧-液化石油气切割的优缺点

优点	1. 低成本，切割燃料费比氧乙炔切割降低 15%～30% 2. 火焰温度较低（约 2300℃），不易引起切口上缘熔化，切口齐平，下缘黏渣少、易铲除，表面无增碳现象，切口质量好 3. 液化石油气的汽化温度低，不需要使用汽化器，便可正常供气 4. 气割时不用水，不产生电石渣，使用方便，便于携带，适于流动作业 5. 氧-液化石油气火焰的外焰较长，可以到达较深的切口内，对大厚度钢板有较好的预热效果，适宜于大厚度钢板的切割 6. 液化石油气化学活泼性较差，对压力、温度和冲击的敏感性低。燃点为 500℃ 以上，爆炸极限窄（丙烷在空气中的爆炸极限体积分数为 2.3%～9.5%），回火爆炸的可能性小，操作较为安全
缺点	1. 液化石油气燃烧时火焰温度比乙炔低，因此，预热时间长，耗氧量较大 2. 液化石油气密度大（气态丙烷为 $1.867kg/m^3$），对人体有麻醉作用，使用时应防止漏气和保持良好的通风

（2）氧-液化石油气预热火焰与割炬的特点。

① 氧-液化石油气火焰与氧-乙炔火焰构造基本一致，但液化石油气耗量大，燃烧速度约为乙炔的 27%，温度约低 500℃，但燃烧时发热量比乙炔高 1 倍左右。

② 为了适应燃烧速度低和氧气需要量大的特点，一般采用内嘴芯为矩形齿槽的组合式割嘴。

③ 预热火焰出口孔道总面积应比乙炔割嘴大 1 倍左右，且该孔道与切割氧孔道夹角为10°左右，以使火焰集中。

④ 为了使燃烧稳定，火焰不脱离割嘴，内嘴芯顶端至外套出口端距离应为 1～1.5mm。

⑤ 割炬多为射吸式，且可用氧乙炔割炬改制。氧-液化石油气割炬技术参数见表 2-15。

表 2-15　氧-液化石油气割炬技术参数

割炬型号	G07-100	G07-300	割炬型号	G07-100	G07-300
割嘴号码	1～3	1～4	可换割嘴个数	3	4
割嘴孔径/ mm	1～1.3	2.4～3.0	氧气压力/MPa	0.7	1
切割厚度/ mm	100 以内	300 以内	丙烷压力/MPa	0.03～0.05	0.03～0.05

（3）氧-液化石油气气割参数的选择。

氧-液化石油气气割参数的选择见表 2-16。

表 2-16　氧-液化石油气气割参数的选择

气割参数	选择要点
预热火焰	一般采用中性焰；切割厚件时，起割用弱氧化焰（中性偏氧），切割过程中用弱碳化焰
割嘴与割件表面间的距离	一般为 6～12mm

（4）氧-液化石油气切割操作要点。

① 由于液化石油气的燃点较高，故必须用明火点燃预热火焰，再缓慢加大液化石油气流量和氧气量。

② 为减少预热时间，开始时采用氧化焰（氧与液化石油气混合比为 5:1），正常切割时用中性焰（氧与液化石油气混合比为 3.5:1）。

③ 一般的工件气割速度稍低，厚件的切割速度和氧-乙炔切割相近。

④ 直线切割时，适当选择割嘴后倾，可提高切割速度和切割质量。

⑤ 液化石油气瓶必须放置在通风良好的场所，环境温度不宜超过 60℃，要严防气体泄漏，否则，有引起爆炸的危险。

2. 氧-丙烷切割

（1）氧-丙烷切割特点。

氧-丙烷气割所使用的预热火焰为氧-丙烷火焰。根据使用的效果、成本、气源情况等综合分析，丙烷是比较理想的乙炔代用燃料，目前丙烷的使用量在所有乙炔代用燃气中用量最大。氧-丙烷切割要求氧气的纯度高于 99.5%，丙烷气的纯度也要高于 99.5%。一般采用割炬是 G01-30 型，并配用 GKJ4 型快速割嘴。与氧-乙炔火焰切割相比，氧-丙烷火焰切割的特点主要有以下几个方面。

① 切割面上缘不烧塌，熔化量少；切割面下缘黏性熔渣少，易于清除。

② 切割面的氧化皮易剥落，切割面的表面粗糙度精度相对较高。

③ 切割厚钢板时，不塌边、后劲足、棱角整齐、精度高。

④ 倾斜切割时，倾斜角度越大，切割的难度就越大。

⑤ 氧-丙烷比氧-乙炔切割成本低，总成本约降低 30%以上。

（2）氧-丙烷气割操作。

氧-丙烷火焰的温度比氧-乙炔火焰温度要低，所以切割预热时间比氧-乙炔火焰要长。氧-丙烷火焰温度最高点在焰心前 2mm 处。手工切割时，由于手持割炬不平稳，预热时间差异很大；机械切割时预热时间差别很小，见表 2-17。

表 2-17　机械切割时的预热时间

切割厚度/mm	预热时间/s	
	乙炔	丙烷
20	5（30）	8（34）
50	8（50）	10（53）
100	10（78）	14（80）

注：括号内为穿孔时间。

手工切割热钢板时，咬缘越小越可以减少预热的时间。预热时采用氧化焰（氧与丙烷的混合比为 5:1），可提高预热温度，缩短预热的时间。切割时把火焰调成中性焰（混合比为 3.5:1）。可使用外混式割嘴机动气割钢材，如果是气割 U 形坡口，其割嘴的配置如图 2-21 所示。

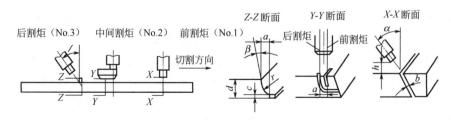

图 2-21　U 形坡口的气割

使用氧-丙烷气割与氧-乙炔气割的操作步骤基本一样，只是氧-丙烷火焰略微弱些，切割的速度较慢一些。但是采用如下的措施可以提高氧-丙烷气体的切割速度。

① 预热时割炬不要抖动，火焰固定于钢板边缘一点，适当加大氧气的流量，把火焰调节成氧化焰。

② 更换丙烷快速割嘴，使割缝变窄，适当提高切割的速度。

③ 直线切割时，适当让割嘴后倾，这样可以显著提高切割的速度和质量。

任务3　气割操作

本任务需要让学生掌握气割的基本操作，教师可利用气割视频并结合自己的示范教学来讲解，主要是针对操作过程中的一些要领做必要的详细讲解。同时也应要求学生在操作中注意安全。

一、气割操作要领

1. 点火

（1）割炬的握法。

右手握住割炬的手柄，右手大拇指和食指握住预热氧的手轮（以便随时调节或关闭预热氧），左手大拇指和食指握住气割高压氧的手轮，中指或无名指穿过两铜管的中间，如图2-22所示。

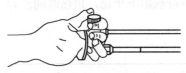

图 2-22　割炬的握法

（2）点火调节。

点火前先检查一下割炬的射吸力是否正常，方法是拔下乙炔气管，打开混合阀门，此时应有氧气从割嘴中吹出，再打开乙炔阀门，用手指按住乙炔进气口，若感觉有吸力，则为正常。然后，关闭所有的阀门，安装好乙炔胶管。

点火时，先打开乙炔阀门少许，放掉气路中可能存有的空气，然后打开预热氧阀门少许，乙炔阀门开启一般要比氧气阀门开启略微大些，这样可以防止点火时的"放炮"。准备点火时手要避开火焰，也不能把火焰对准其他的人或易燃易爆的物品，防止烧伤或引发火灾，火焰点燃后调整为中性焰或轻微氧化焰。

火焰调整好后，再开启切割氧阀门，看火焰中心切割氧产生的圆柱状风线是否正常，若风线直而长，并处在火焰中心，说明割嘴良好。否则，应关闭火焰，用通针对割嘴喷孔进行修理后再试。

2. 起割

（1）操作姿势。

点燃割炬调好火焰之后就可以进行切割。操作时双脚成外八字形蹲在工件的一侧，右臂靠住右膝盖，左臂放在两腿之间，便于气割时移动，如图2-23所示。但是因为个人的习惯不同操作姿势也可以多种多样。

气割过程中，割炬运行要均匀，割炬与割件的距离保持不变。每割一段需要移动身体位置时，应关闭切割氧调节阀，等重新切割时再开启。

（2）选择起割位置。

图 2-23　气割操作姿势

　　割零件的外轮廓线时，最好选用钢板的边缘作为起割点；割零件内的孔时，必须从丢弃的余料开始气割，其气割又可分成两种情况：当割件厚度＞150mm 时，可先用割炬在余料上割出一个孔，然后开始气割；当割件厚度＜150mm 时，最好在余料上先钻一个通孔，在通孔处起割。

　　（3）预热。

　　预热的关键是要保证割件起割处沿厚度方向上温度一致，要回热至燃点。钢材的燃点为 1300℃，此时钢板应呈亮红色至黄色。预热的操作方法应根据零件厚度、起割位置灵活掌握。

　　对于厚度＜50mm 的工件，从边缘起割时，可将割炬放在起割边缘的垂直位置进行预热。对于厚度＞50mm 的工件，从边缘处起割时，预热方法如图 2-24 所示。开始预热时，将割嘴置于工件边缘，并沿气割方向向后倾 10°～20°。如果工件很厚，预热时还可上下移动焊炬，待工件边缘加热或呈暗红色时，将割嘴转到垂直位置继续预热。当在工件内割孔时，割嘴应在垂直位置进行预热。

　　（4）开始起割。

　　当起割处预热至燃点，钢材表面变成亮红色或黄色时，开始进行气割，当听到工件下面发出"啪啪"声，在与气割相反的方向看不到飞出的高温氧化铁熔渣时，说明钢板已割透。

　　气割时可能会遇到的情况有以下三种。

　　① 当预热温度还不够，切割氧开得太快时，打开切割氧时，钢板表面燃烧了一下就变黑，使切割不能正常进行。

　　② 打开切割氧后，钢板已正常燃烧，从气割反方向吹出大量熔渣，但割不透。这时应立即关闭切割氧，否则钢板下部会出现一个大凹坑，如图 2-25 所示。

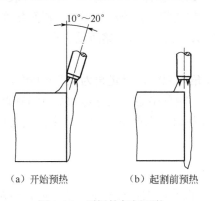
（a）开始预热　　　　（b）起割前预热

图 2-24　厚板的起割预热

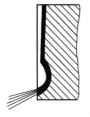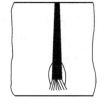

图 2-25　起割处割不透出现的凹坑

　　③ 当预热温度太低时，打开切割氧时，工件表面不燃烧。

提　示

　　在对厚度较大的工件进行气割时，起割要缓慢开启切割氧阀，待上面的钢材开始燃烧，液态氧化铁熔渣慢慢下流，并从工件侧面飞出时，再加大切割氧，割透钢板。

　　3.　正常气割

　　（1）切割氧压力的选择。

　　① 通常应根据割嘴的工作原理及工件厚度选择切割氧的压力，可按表 2-18 给定的范围

选取，并通过观察切割氧射流的形状和长度后确定。

表 2-18　切割氧压力与工件厚度的关系（普通割嘴）

板厚/mm	切割氧压力/MPa	板厚/mm	切割氧压力/MPa
<4	0.3～0.4	50～100	0.7～0.8
4～10	0.4～0.5	100～150	0.8～0.9
10～25	0.5～0.6	150～200	0.9～1.0
25～50	0.6～0.7	200～250	1.0～1.2

② 切割氧压力不能太大，若压力太大，不仅浪费氧气，而且割口太宽，表面粗糙，切割氧射流形状不好，发散角大，表面有紊流。

③ 切割氧压力也不能过低，若压力太低，熔渣吹不干净，工件背面黏的熔渣很难清除，甚至会割不透。

（2）气割速度。

一般可根据割件背面熔渣的喷射方向和声音来判断气割速度是否正常。

① 当气割速度正常时，可听到熔渣从工件背面喷出时发出比较微小的"噗噗"声音，且熔渣的喷射方向与切割氧射流的方向相同，割口宽度合适，熔渣数量适当。

② 当气割速度较快时，则割口稍窄，从工件背面喷出的熔渣就偏向割嘴的斜后方，这时已出现后拖量，气割速度越快，后拖量就越大。

③ 当气割速度太快时，则熔渣可能会从割缝的正后方或后上方甚至正上方飞出，说明工件没割透，应立即停止气割，并以未割透处为起点重新预热、起割，并转入正常气割。

④ 当气割速度太慢时，熔渣从工件背面喷出时发出较大的"噗噗"声，工件表面的割口两侧会出现不连续的熔化钢珠、圆角和熔化带，且割口很宽，熔渣量增大，背面黏渣严重，不易清渣。尤其割薄件时，将使工件产生较大的变形，并使割口的熔渣粘连在一起。

（3）割嘴与工件间的相对位置。

① 工件越薄，行走角越小。气割薄件时，工作角为 90°，行走角为 45°～90°。

② 气割中、厚板时，工作角和行走角都是 90°，割嘴中心线正好是切割点的垂直线。

③ 气割时不能让焰心与工件接触，以防止工件割口表面严重增碳，产生淬硬组织或裂纹，气割表面与焰心的距离以 3～5mm 为佳。

4. 接头与收尾

手工气割时会遇到接头，尤其在割长缝（如割长直缝、大直径圆形管子）时，每割一段必须停止一次，改变工件的位置，或调整操作者的位置，才能继续气割。接头操作的好坏对割口表面粗糙度影响相当大，接头的好坏与操作者的技术水平有直接的关系。

（1）气割接头的操作要领。

① 气割时先要掌握好接头处的预热温度，气割接头要快，刚一停割，立即做好切割接头的准备工作，在停割处温度比较高的情况下，立即点火预热，将割炬在接头区往复移动，使停割处尽快达到燃烧温度。

② 割炬要始终保持与割件表面垂直的状态，使切割氧孔对准割口中线，当接头处预热温度合适时，稍开切割氧，当接头处上表面开始燃烧时，逐渐加大切割氧流量，待工件割透后，立即按原气割速度转入正常气割。

应该注意的是，如果在起割处停留时间过长或割嘴与工件表面不垂直，切割氧未对准割口中心，接头处就会出现凹坑。

③ 对于割口两面的工件都是产品零件（余料）的气割，更应注意接头。若割口有一边是余料，则接头时，可先从余料这边起割，待工件焊透后，再将割口引到接头处。

（2）气割收尾的操作要领。

收尾指的是一条割缝结束处的操作，它不但要保证割透，而且还要保证割缝宽度一致。收尾时应注意以下内容。

① 要适当放慢气割速度，将行走角由 90°逐渐减至 70°，待割件完全割通后，关闭切割氧。

② 不论工件厚薄，割内孔收尾时，割嘴须保持与工件表面垂直，并沿割线进行，直至与起割处连通为止。

③ 气割结束后，应立即关闭切割氧及预热火焰。熄火时，要先关乙炔阀，再关氧气阀。

④ 若停割时间较长，应关闭氧气及乙炔气瓶阀。

5. 穿孔

在工件上割孔时，必须先穿孔。具体操作步骤如下所述。

① 根据钢板厚度换好割嘴（割嘴应比切割相同厚度钢板大一号）。

② 根据割嘴要求调好氧气和乙炔的压力。

③ 选好穿孔点（一般穿孔点都选在余料侧靠近割线处）。

④ 点火预热。预热时割嘴垂直钢板表面，待起割点呈亮红色时准备开始穿孔。

⑤ 开始穿孔。气割开孔分水平气割开孔和垂直板上穿孔。

水平气割穿孔操作过程如图 2-26 所示。开始穿孔时，割嘴的工作角为 90°，行走角为 20°左右，缓慢打开一点切割氧，待起割点金属开始燃烧，液态金属氧化物从穿孔处的斜上方吹出时，逐渐加大切割氧压，并加大行走角，但割嘴仍在原处不动，直到行走角为 90°，工件穿透为止。

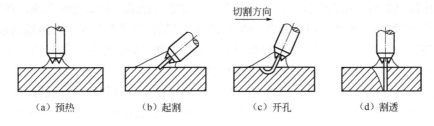

（a）预热　　　　（b）起割　　　　（c）开孔　　　　（d）割透

图 2-26　水平气割穿孔操作过程

如果工件过厚，气割时可从正反两面穿孔，先从正面穿孔，当穿孔深度超过焊板厚度的一半时，将钢板翻过来，从穿孔反面的对应处（须对准已穿的孔）继续穿孔。穿孔时要注意防止液态金属飞溅伤人。

垂直板上穿孔操作过程如图 2-27 所示。操作步骤与气割开孔相同。但应注意要向下吹熔渣，同时也要防止穿透后伤人。

二、气割新技术简介

1. 光电跟线气割

随着光电跟线气割机、数控气割机的研制、推广和使用，钢板气割自动化程度大大提高。

全新的手提式光电跟线气割机能自动跟踪气割，适用于船体旁板、大肋骨等大弧度缓曲线气割，具有明显的优点。随着电印号料新工艺的研究和应用，光电跟线气割应用范围逐渐扩大。

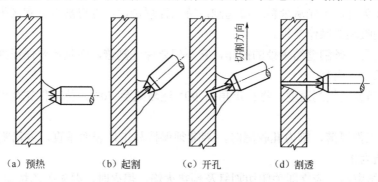

（a）预热　　　　（b）起割　　　　（c）开孔　　　　（d）割透

图2-27　垂直板上穿孔操作过程

光电跟线气割的基本原理是利用在气割小车上装的光电检测装置，检测气割前在钢板上放样时划上的一定粗细且均匀的白色号料线。钢板上的白色号料线条成像在光电检测元件上，如图2-28所示。当气割小车行走偏离线条时，光电检测元件中三个光电管所接受的感光量不同，这些不同感光量转变为电信号，通过放大后控制和调节执行电动机的转动，并带动转向机构以纠正气割小车的行走偏差，使小车始终跟踪钢板上的白线行走，并同时进行气割。

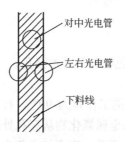

对中光电管

左右光电管

下料线

图2-28　光电跟线气割光电检测装置

2. 光电跟踪气割

光电跟踪气割是一种高效率、自动化气割工艺，由于跟踪的稳定性和传动的可靠性，大大提高了气割质量和生产率，同时降低了劳动强度。

光电跟踪气割机是由光学部分、电气部分和机械部分组成的自动控制系统，在构造上可分为指令机构（跟踪台和执行机构）、气割机两部分。气割机放置在车间工艺路线内进行气割，为避免外界震动和噪音等干扰，跟踪台被放置在离气割机100m范围内的专门工作室内。气割机与跟踪台之间，通过电气线路联系进行控制。

光电跟踪气割机的原理如图2-29（a）所示，它包括跟踪台和切割台两部分。工作时激励灯的光线通过聚光镜聚合成点，然后经扫描电动机带动反光镜使之成为3000r/min的旋转光点，即直径为1.5～2mm的光环投射到图样上。光电每旋转一周与图样相交两次，投射到光敏元件上的光线就暗两次，即通过光敏元件形成两个信号脉冲。信号脉冲的位相取决于线条与光环交点的位置，如图2-29（b）所示。控制系统便根据不同位相的信号脉冲控制切割台上的伺服电动机，使拖动割嘴做相应的移动，即按图样线条跟踪切割。割嘴的运动又通过X、Y向自整角发送机将其位置信号送回跟踪台，跟踪台的自整角接收机接收到信号并同步动作，使图样随跟踪台运动。这样，静止的光环将在新的位置上与图样线条相交，于是发出新的位相信号，经控制系统又对切割台的伺服电动机进行控制，从而完成一个封闭的自动控制系统。

3. 数字程序控制气割

数字程序控制气割是利用小型计算机控制的自动切割设备。它能准确地切割出直线和曲线组成的平面图形，也能用足够精确的近似方法切割出其他形状的平面图形。数控切割机切割尺寸的精度很高，并且具有稳速功能，使割炬沿切割线的移动速度均匀，保证切口宽度一致。还有返回功能，能使割炬沿程序规定的曲线多次往复运动。操作中无须制造仿形样板，也不用绘制跟踪图，只需要一卷穿孔的程序纸带。数控气割机不仅适合于成批生产，更适合于自动化的单件生产。

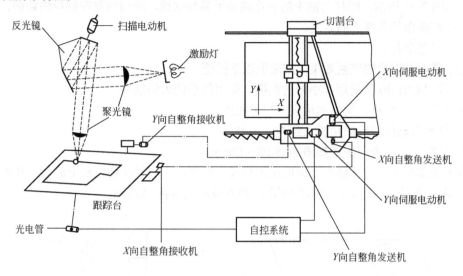

（a）原理图

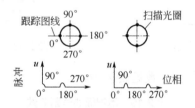

（b）脉冲位相

图 2-29　光电跟踪气割机的原理图及脉冲位相

图 2-30 所示为数控气割机的工作原理方框图。第 I 部分为输入部分，根据所切割零件的图样按计算机的要求将图样划分成若干个线段——程序，然后按计算机所能阅读的语言——数字来表达这些图线，将这些程序及数字打成穿孔纸带，通过光电输入机输送给计算机；第 II 部分是一台小型专用计算机，根据输入的程序和数字进行插补运算，从而控制第 III 部分——气割机，使割炬按所需轨迹运动。

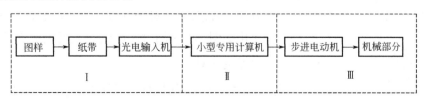

图 2-30　数控气割机的工作原理方框图

数控气割机的特点是效率高、功能多、稳定可靠、气割精度高，可以气割出任意形状的零件。

三、各种材料的气割

1. 薄钢板的气割

由于板薄、加热快、散热慢，薄钢板在进行切割时，容易引起切口的边缘化，产生波浪变形，如图 2-31 所示，同时气割中的氧化铁渣不易被吹掉，冷却后黏在钢板的背面，不易清除，给切割操作带来很大的难度。

（1）工艺准备。

为了获得较满意的气割效果，应采取以下措施。

① 选用 G01-30 型割炬和小号的割嘴，采用较小的火焰能率。

② 预热火焰要小，切割的速度应尽可能快。

③ 割嘴与割件的后倾角加大到 30°～45°。

④ 割嘴与割件表面的距离增加到 10～15mm。

为了获得必要的尺寸精度，钢板在进行成形气割时，可以在切割机上配以冷却用的洒水管，如图 2-32 所示，做到边切割边洒水，洒水量应控制在 2L/min。

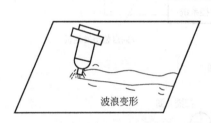

图 2-31　薄板气割变形

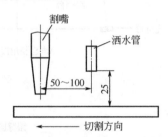

图 2-32　切割薄板时洒水管的配置

⑤ 工艺参数。薄钢板的气割参数见表 2-19。

表 2-19　薄钢板的气割参数

板厚/mm	割嘴号码	割嘴高度/mm	切割速度（mm/min）	切割氧压力/MPa	乙炔压力/MPa
3.2	0	8	650	0.196	0.02
4.5	0	8	600	0.196	0.02
6.0	0	8	650	0.196	0.02

（2）气割的操作。

① 切割前必须用钢丝刷仔细清理工件表面的氧化皮、污垢和铁锈。

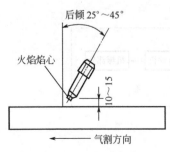

图 2-33　薄板的切割的方法

② 在工件上用石笔或较细的白色笔划出切割的直线，间隔为 25～30mm。

③ 划线完成后，把工件放在专用的切割支架上，准备切割。

④ 采用如图 2-33 所示的切割方法对薄钢板进行切割。

2. 中厚板气割

厚度在 4～25mm 的板材一般为中厚板，气割时一般不会产生很大的变形，易形成割缝。气割时一般选用 G01-100 型割炬和 3 号环形割嘴，割嘴与工件表面的距离大致为焰心长度加 2～4mm，切割氧的风线长度应超过工件板厚的 1/3。切割时的割嘴保持垂直，切割快要完成时割嘴应后倾 10°～20° 左右，如图 2-34 所示。

气割时应注意保持切割速度，正常的切割速度会使氧化铁渣的流动性好，切割的纹路与工件的表面基本是垂直的，如图 2-35 所示，如果切割速度过快，就会产生很大的后拖量，有时甚至会出现割不透的现象，如图 2-36 所示。

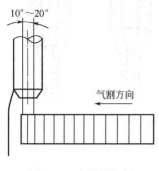

图 2-34　中厚板气割

图 2-35　切割纹路

3. 厚板气割

板厚为 25mm 以上的大厚板时，要选用大型的割炬和割嘴，氧气和乙炔的压力也要相应的加大，对于风线的质量要求也必须提高。一般情况下风线的长度应该比割件的厚度长至少 1/3，并且要有较强的流动力量，如图 2-37 所示。

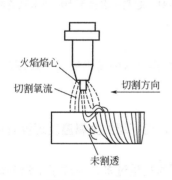

图 2-36　未割透

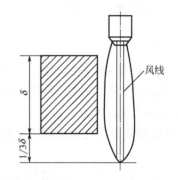

图 2-37　风线的要求

预热时首先从割件的边缘棱角处开始预热，当达到切割的温度后，再打开切割氧的阀门并增大切割氧的流量，同时割嘴与割件前倾 5°～10°，然后开始正常的切割。当割件的边缘几乎全部割透以后，割嘴就要垂直于割件，如图 2-38 所示，并沿横向做月牙形的摆动。

4. 大厚板气割

大厚板也称为特厚板，通常把厚度超过 100mm 的工件切割成为大厚板的切割。

（1）工艺准备。

选用切割能力较大的 G01-300 型割炬和大号的割嘴，以最大限度地提高火焰的能率。有时可选用重型割炬或自行改装，将原收缩式割嘴内嘴改制成缩放式割嘴内嘴，如图 2-39 所示。

气割前要调整好割嘴与工件的垂直度，即割嘴与割线两侧平面成 90° 的夹角。

（2）气割操作。

采用如图 2-40 所示的方法进行气割。开始气割时预热火焰要大，先从割件的边缘棱角处开始进行预热，并使上、下层全部预热均匀。如果上、下预热不均匀，就会产生如图 2-41 所示的未割透的现象。

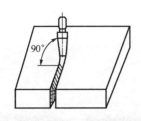

图 2-38　割嘴与割线两侧垂直

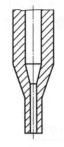

（a）收缩式　（b）缩放式（$a_2 > a_1$）

图 2-39　割嘴的改制

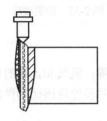

图 2-40　大厚板的气割

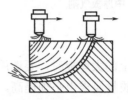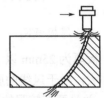

图 2-41　起割点选择不当造成未割透现象

5. 叠板气割

叠板气割也称多层钢板气割，如图 2-42 所示，就是将大量的薄钢板（一般厚度≤1mm）叠放在一起进行切割，以提高切割的生产效率和质量。

（1）叠板气割的特点。

① 叠板预热时往往会出现表面的金属层已经熔化，而下层的金属温度还没有达到要求的温度。

② 切割时由于上、下层温差过大，使上层板受到的热量过多，形成了上沿易熔化，给切割带来了不利。

③ 由于上层金属燃烧的热量不能有效地向下层金属进行传递，易出现下面几层切割不透的现象。

（2）气割操作。

① 清理每件钢板切口附近的氧化皮、污垢和铁锈。

② 将钢板紧紧地叠合在一起，钢板之间不应有空隙，使热量的传递更加有效和防止不必要的烧熔。可以采用夹具（如弓形夹或螺栓）夹紧的方法进行必要的紧固，如图 2-43 所示。

③ 开始要准确控制割嘴与割件间的垂直度，由割件边缘棱角处开始预热，如图 2-44 所示。

将割件预热到切割温度时，逐渐开大切割氧压力，并将割嘴稍向气割方向倾斜 5°～10°，如图 2-45 所示。待割件边缘全部割透时，再加大切割氧流，并使割嘴垂直于割件。同时，割嘴沿割线向前移动。进入正常气割过程以后，割嘴要始终垂直于割件，移动速度要慢，割嘴要做横向月牙形或"之"字形摆动，如图 2-46 所示。

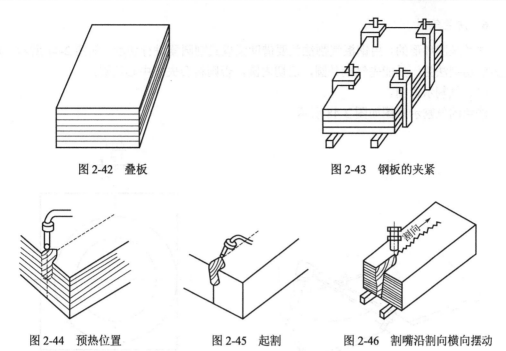

图 2-42 叠板　　　　　　　　　　　图 2-43 钢板的夹紧

图 2-44 预热位置　　　图 2-45 起割　　　图 2-46 割嘴沿割向横向摆动

气割时还经常还会遇到叠板圆环形的切割。如将 60 块 1mm 厚的方形钢板叠合在一起，气割成圆环形的割件，其切割的顺序见表 2-20。

表 2-20 叠板圆环形的切割

步　骤	图　示	操作说明
装夹	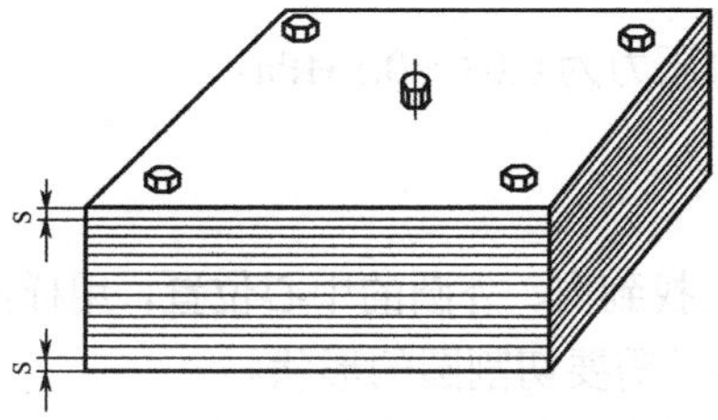	先将 60 块 1mm 厚的钢板及上下两块 8mm 厚的钢板叠合在一起，再用多个螺钉及中间的一个螺钉将钢板夹紧
钻切割孔	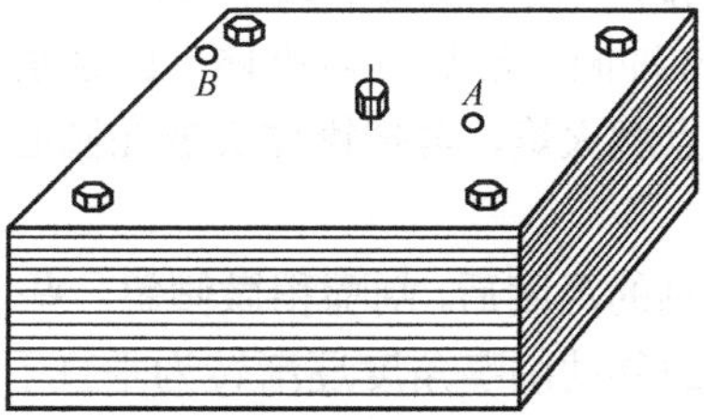	用钻床在 A、B 两处位置钻通孔（A 为内圆起割点；B 为外圆起割点）
切割	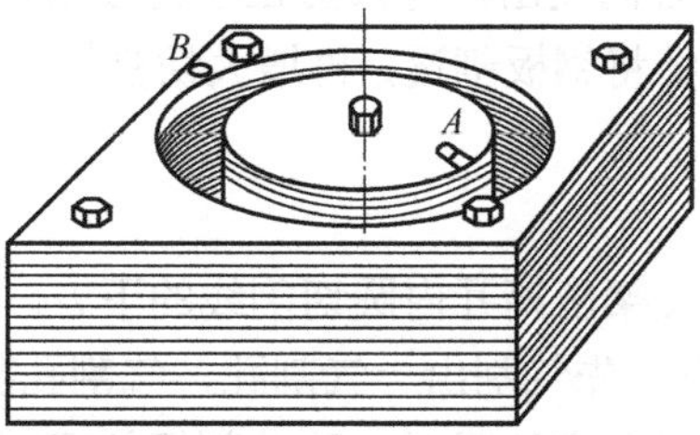	选用 G01-100 型割炬和 3 号割嘴进行切割，氧气的压力在选择 0.8MPa，从 A 处起割圆环内圆，从 B 处起割外圆环

6. 法兰气割

法兰是圆环形的，用钢板气割法兰要借助圆规式割圆器进行切割，如图 2-47 所示，采用此方法切割法兰，只能先气割外圆，后切内圆，否则将会失去中心位置。

（1）气割示意图。

法兰的气割示意图如图 2-48 所示。

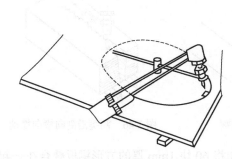

图 2-47　使用割圆规割圆

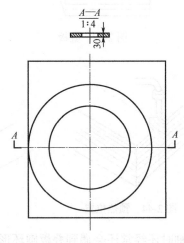

图 2-48　法兰的气割示意

（2）气割工艺参数。

法兰的气割工艺参数如下所述。

① 割炬 G01-30，3 号环形割嘴。

② 氧气压力为 0.5～0.7MPa，乙炔压力为 0.03～0.1MPa。

（3）气割操作。

① 气割外圆。

a. 先将工件清理干净后，在工件上找到内、外圆的中心位置，用样冲打上样冲眼，再用划规划出若干个同心圆，并用样冲打出所需要切割圆的形状。

b. 把工件放在支架上垫好，再将割圆器的锥体置于圆中心的样冲眼内，通过拉动定位杆让割嘴套的中心正对待割圆的割线或样冲眼，然后拧紧锥体上的锁紧螺杆。

● 气割开始时把割嘴套在套嘴内，点燃火焰，再把锥体尖放在圆心的样冲眼内，手持好割炬并对起焊点进行预热。

● 当预热点的金属温度达到能够切割的温度后，割嘴稍微倾斜一些，便于氧化铁渣吹出，再打开切割氧的阀门，随着割炬的移动割嘴角度逐渐转为垂直于钢板进行切割，此时的氧化铁渣将朝割嘴倾斜相反的方向飞出，有效防止喷孔被堵塞的现象。当氧化铁渣的火花不再向上飞时，说明已经将钢板割透，再增大切割氧沿圆线进行切割，直至外圆被全部切割下来为止。

② 气割内圆。

● 将从钢板上掉下来的法兰垫起，支架应离开内圆切割线的下方。

● 在距离内切割线 5～15mm 的地方，先气割出一气割孔，气割孔割穿后就可将割炬慢慢移到内圆的切割线上，定位线进入定位眼后，移动割炬就可割下内圆。

在整个气割的过程中要注意割嘴的下端应向圆心的方向稍微靠紧一些，以免割嘴脱套；同时也要保持割嘴的高度始终如一，切割速度均匀，不得时快时慢。

7. 坡口气割

（1）无钝边 V 形坡口的气割。

① 根据钢板的厚度 δ 和单面坡口的角度 α，按照公式 $b=\delta\tan\alpha$ 算出单面坡口的宽度 b，并进行划线，如图 2-49 所示。

② 调整割嘴的角度，使之符合 α 角的要求，然后采用如图 2-50 所示的后拖或向前推移的操作方法进行切割。

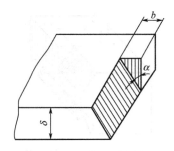

图 2-49　无钝边 V 形坡口的尺寸要求

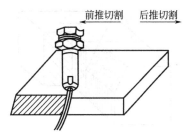

图 2-50　无钝边 V 形坡口切割

为了获得割口宽窄一致、角度相对美观的切割坡口，可将割嘴靠在扣放的角钢上进行切割，如图 2-51 所示。为了准确地切割不同的角度坡口，进一步保证气割质量，可将割嘴安放在角度可调的滚轮架上，进行切割，如图 2-52 所示。

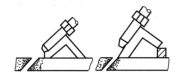

图 2-51　依靠角钢导向切割

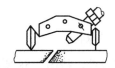

图 2-52　依靠滚轮架切割

（2）带钝边 V 形坡口的气割。

① 首先切割垂直面 A，带钝边 V 形坡口的尺寸要求如图 2-53 所示。

② 根据钢板的厚度 δ、钝边的厚度 p 和单面坡口角度 α，根据公式 $b=(\delta-p)\tan\alpha$ 算出单面坡口的宽度 b，然后在钢板上划线。

③ 调整好割嘴的倾角至 $90°-\alpha$，沿划出的线，采用无钝边 V 形坡口的气割方法切割坡口的斜面 B。

（3）双面坡口的气割。

其操作方法如下所述。

① 首先切割垂直面，如图 2-54 所示。

② 按照宽度 b_1 划好线，调整好割嘴的倾角至 α_1，并沿线切割正面的坡口面，如图 2-55 所示。

③ 割好正面坡口面后，将割件翻转，按照宽度 b_2 划线。调整好割嘴的倾角至 α_2，并沿线切割背面的坡口面，如图 2-56 所示。

（4）钢管坡口的气割。

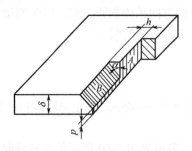

图 2-53 带钝边 V 形坡口的尺寸要求

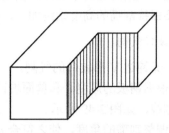

图 2-54 切割垂直面

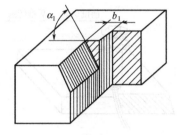

图 2-55 切割正面坡口面

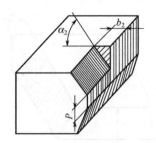

图 2-56 切割背面坡口面

图 2-57 为钢管坡口切割示意图，其操作步骤如下所述。

① 根据公式 $b=(\delta-p)\tan\alpha$ 计算划线的宽度 b，并沿着管子的外圆划出切割线。

② 调整割炬的角度为 α，沿着切割线进行切割。

③ 切割时除保持割炬的倾角不变之外，还要根据在钢管上的不同位置，不断地调整好割炬的角度。

8. 管子的气割

取低碳钢管件，按图 2-58 所示划气割线。

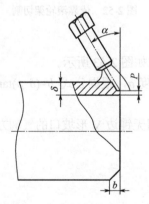

图 2-57 钢管坡口切割示意图

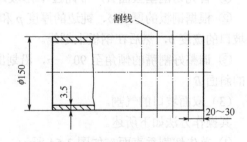

图 2-58 钢管气割位置示意

① 为防止气割时发生偏差，保证割口整齐，应按割线进行气割。

② 起割时，火焰应垂直于钢管表面，待割透后，再将割嘴逐渐倾斜 20°～25° 的角度，继续向前移动。

钢管的气割有固定钢管气割和转动钢管气割两种情况。

（1）固定钢管气割。

固定钢管气割如图 2-59 所示，先从钢管的底部开始起割，割透后，割嘴向上移动，并保持一定的倾角，一直割到钢管顶部的水平位置时，关闭切割氧气阀，再将割炬移到管子的另一侧，采用对称的割法，再从下部向上直到把钢管割开。固定钢管气割时，由于钢管固定，割炬移动，割缝看得清，且移动方便。尤其是停割时，割炬正好移到管子顶部位置，而管子在割嘴的下方，不会被割下的管子碰坏割嘴。

（2）转动钢管气割。

转动钢管气割如图 2-60 所示，从管子的侧面起割，割透后，割嘴往上倾斜并逐渐接近管子切线角度。割一段后，将管子稍加转动，再继续气割。较小直径管子可分 2～3 次割完。

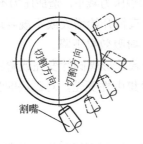

图 2-59　固定钢管气割

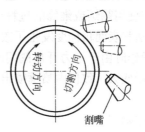

图 2-60　转动钢管气割

四、气割中常见故障及排除方法

1. 不正常的切割火焰

不正常的切割火焰按其形状分有三种：喇叭口形风线、紊乱形风线和多线条形风线，见表 2-21。

表 2-21　不正常的切割火焰

火焰类型	图示	说明	解决方法
喇叭口形风线		喇叭口形风线虽然线条清晰，但是火焰呈喇叭口形很明显，风线的长度要比正常风线短，且没有力量，气流不集中	更换割嘴或将此割嘴用于切割不重要的工件
紊乱形风线		紊乱形风线是因在长期气割中，金属的氧化铁渣或飞溅物堵塞割嘴造成的。此时芯孔中因有飞溅物，气体流动受阻造成风线的紊乱	表面飞溅物可用通针刮去，内部飞溅物可用长通针清理
多线条形风线		多线条风线是由于割嘴内芯火口处的金属烧损造成的	锉掉这部分金属（锉削时连同外套一起加工，防止内芯低外套高的情况发生）

2. 割炬"不冲"

割炬"不冲"是专指预热火焰弱，混合气体喷出速度低，切割氧冲击力小的现象。它是气割过程当中经常遇到的一种现象，最明显的表现就是火焰能率差，气割时切割不彻底，造成割不透，甚至是使切割中断无法完成，在切割大厚板时尤为突出。

（1）形成的原因。

割炬"不冲"形成的原因有多方面，主要包括以下内容。

① 气体本身在生产的过程中因工艺或其他的原因，残留有颗粒很小的杂质。由于这些杂质的堵塞，加上烟尘在管壁沉积，造成气路不畅，使管道的传输压力减小，造成压力不够。

② 在使用割炬或维修的过程中操作不当，使射吸管直径开始增大或不规则地变大，射吸管的形状和表面粗糙度发生了改变，气体的流动性差，射吸效果下降。

③ 操作时由于用力开启阀门时没有把握好力度，导致针形阀阀针变秃或弯曲，喷嘴孔阻塞或直径变大，致使由喷嘴喷出的氧气流量变小或气流集中性变差，对乙炔的吸力也随之下降。

（2）排除方法。

割炬"不冲"形成后一定要想办法进行排除，否则就会影响到气割的效率和质量。割炬"不冲"的排除方法包括以下内容。

① 要经常清理割嘴外套、内芯和割嘴座上沉积的杂质和烟尘，随时保持割嘴的清洁和畅通。

② 在反复清理没有明显改善效果后，就要更换孔径变大或形状改变的射吸管，更换新的射吸管后也要进行射吸的检验，达到要求后方可进行切割。

③ 车削变秃的阀针，矫正弯曲的阀针，并注意不要伤及阀针的外表，喷嘴孔径变大可用"收口"的办法进行处理，再用扁通针刮研修整。

3. 割嘴漏气

（1）割嘴漏气的原因。

割嘴漏气的原因有很多，但常见的漏气原因主要有以下几种。

① 螺纹不严。内芯与割嘴座之间漏气，当打开切割氧阀门时，割嘴内发出连续"啪啪"的声音或回火。

② 压合不严。小压盖处不严，打开切割氧阀门，则会出现回火。大压盖与割炬结合面不严，外套与割嘴座不严，混合气体从大螺帽的间隙漏出来，则有漏火或回火发生。

（2）排除方法。

割嘴漏气也是气割时经常遇到的问题，漏气不但使气体浪费性加大，增加切割成本，而且严重的漏气会导致回火现象的发生，造成不必要的伤害。因此，一旦发现割嘴漏气就要及时进行有效的排除，常用的排除方法有以下几种。

① 如果是因为螺纹不严造成的割嘴漏气，可以在螺纹上涂铅油，经过处理后仍然没有效果的，说明螺纹尺寸误差太大，配合间隙不适合，应更换其中的某个部件。

② 如果是大压盖漏气就可以通过多次上紧、松开割嘴外面的大螺母，使小压盖或大压盖产生一定的变形，自然达到紧密配合的密封效果；或在大压盖上涂一些研磨砂，用反复研磨的方法使配合间隙达到最佳，配合间隙好了，漏气就消除掉了。

③ 如果是小压盖漏气就可以在小压盖的锥形面上涂上一层薄薄的焊锡，然后通过反复上紧、松开外面大螺母的方法，使焊锡变形，以达到密封的效果。

项目 **3**

手工电弧焊

手工电弧焊如图 3-1 所示。它是把焊条与焊件分别作为两个电极,利用焊条与焊件之间产生的电弧热量来熔化焊件金属,冷却后形成焊缝的焊接方法。

图 3-1 手工电弧焊

任务 1 认识手工电弧焊设备与工具

本任务主要是让学生了解手工电弧焊所用手工电弧焊机、手工电弧焊工具及量具的结构与作用,并掌握其使用方法。可借助多媒体和实物展示进行教学,重点强调设备、工量具的具体操作方式。

一、手工电弧焊机

手工电弧焊机是进行焊条电弧焊的主要设备,它实质上是用来进行电弧放电的电源。手工电弧焊机应可维持不同功率的电弧稳定地燃烧,同时焊接工艺参数应便于调节,焊接过程中工艺参数应保持稳定。此外,还应满足消耗电能少、使用安全、容易维护等要求。

1. 手工电弧焊机的分类与结构特点

手工电弧焊机按供应电流性质的不同可分为直流电弧焊机和交流电弧焊机两大类;按结

构的不同又分为弧焊变压器、弧焊发电机和弧焊整流器三种类型。手工电弧焊机的分类与结构特点见表 3-1。

表 3-1　手工电弧焊机的分类与结构特点

分　类	图　示	特点说明
弧焊变压器		1. 输出电流为交流电 2. 结构简单，制造方便，成本低 3. 使用可靠，维修方便
弧焊发电机		1. 由一台交流电动机和一台直流发电机组成，电动机带动发电机形成直流焊接电源 2. 结构复杂，造价高，易损坏且维修困难 3. 电流稳定，但运转时噪声大，且空载损耗大
弧焊整流器		1. 噪声小，空载损耗小 2. 成本低，制造和维修方便

手工电弧焊机的使用性能对焊接质量有着极其重要的影响，弧焊变压器、弧焊发电机和弧焊整流器三种类型的手工电弧焊机电源的特点比较见表 3-2。

表 3-2　三种类型的手工电弧焊机电源的特点比较

项目	弧焊变压器	弧焊发电机	弧焊整流器	项目	弧焊变压器	弧焊发电机	弧焊整流器
焊接电流	交流	直流	直流	供电	一般为单相	三相	一般为三相
电弧稳定性	较差	好	好	功率因数	低	高	较高
极性可换性	无	有	有	空载损耗	小	较大	较小
磁偏吹	很小	较大	较大	成本	较低	高	较高
构造与维护	简单	复杂	复杂	质量	轻	较重	较轻
噪声	小	较大	较小	适用场合	一般	一般或重要	一般或重要

2. 手工电弧焊机的安装

手工电弧焊机的安装是指将焊机设备接入焊接回路，并保证它能安全工作。

（1）弧焊变压器的接线。

弧焊变压器的外部接线如图 3-2 所示。接线时，应根据弧焊电源铭牌上所标示的一次电压值确定接入方案。一次电压有 380V 或 220V，还有 380V/220V 两用的，必须使电路电压与弧焊电源规定的电压一致。

弧焊变压器应放置在通风良好、干燥的地方，其电流的调节分粗调和细调两种，粗调分两个调节级，如图 3-3 所示。当连接片接 I 级位置时，电流极小，为 50～180A；当连接片接 II 级位置时，电流放大，为 160～450A。要使焊机输出合适的电流，还应进行电流的细调节，在焊机的侧面逆时针转动调节手柄，使活动铁芯向外移动，则电流增大；顺时针转动调节手柄，则电流减小，但应注意电机壳上部的电流指示盘，只能近似反映焊接电流的数值，精确度很差，因此应经常用电流表校正指针位置。生产中常用表 3-3 的方法来排除弧焊变压器出现的故障。

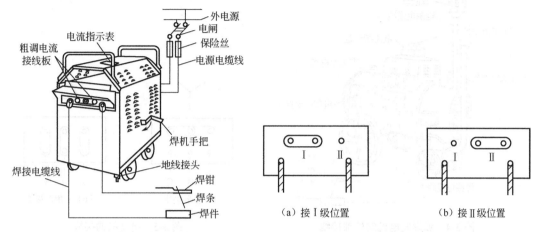

图 3-2 弧焊变压器的外部接线 　　图 3-3 粗调电流的两个调节级

表 3-3 弧焊变压器常见故障与排除方法

常见故障	产生原因	排除方法
变压器过热	1. 变压器过载 2. 变压器绕组短路	1. 减小使用焊接电流 2. 消除短路
导线接头处过热	接线处的接线电阻大或接线处的螺丝太松	松开螺丝，清理接线处后再将螺丝拧紧
焊接电流不稳定	可动铁芯随焊机的振动而移动	消除铁芯移动现象
焊接电流过小	1. 焊接导线过长，电阻大 2. 焊接导线卷成盘形，感抗增大 3. 焊接导线有接头，与焊件接触不良	1. 减短导线长度，增粗导线直径 2. 放开导线 3. 使接头处接触良好

（2）弧焊发电机的外部接线与电流调节。

① 外部接线。弧焊发电机的外部接线如图 3-4 所示。

焊机的电动机在接入三相外电源前，必须注意外电源的电压和电动机相应的接线方法。当外电压为 380V 时，电动机应为"Y"形接法，即星形接法；当外电压为 220V 时，应为"△"形接法，即三角形接法，如图 3-5 所示。

提 示

焊机接入电源后第一次启动时必须再检查焊机的旋转方向，如与规定方向不符，应将电动机的三相电源中的任意两相调换一下，再启动时，也应观察是否正确。

② 电流调节。电流调节分为粗调和细调。电流粗调是通过改变焊机接线板上的接线位

置来实现的。在焊机接线板上有三个接线柱，为一负两正。负极用"－"标注，正极用"＋"标注。

当中间的"＋"极与"－"极分别连接焊钳与焊件时，焊接电流在300A以内，如图3-6（a）所示；当另一个"＋"极与"－"极连接焊钳与焊件时，焊接电流在300A以上调节，如图3-6（b）所示。

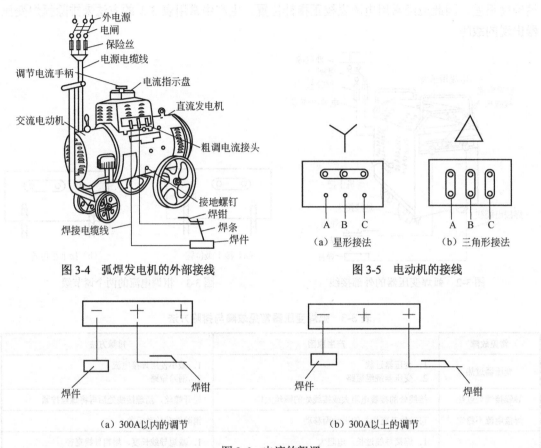

图 3-4 弧焊发电机的外部接线   图 3-5 电动机的接线

（a）300A以内的调节   （b）300A以上的调节

图 3-6 电流的粗调

电流的细调是利用装在焊机上端的可调电阻进行的，顺时针转动调节手柄，焊接电流增大；逆时针转动调节手柄，焊接电流减小，刻度盘上有相应的电流数值。

（3）弧焊整流器的外部接线与电流调节。

① 外部接线。弧焊整流器的外部接线如图3-7所示。

提 示

在焊接前应检查硅元件的冷却是否符合要求，同时为保持硅元件与线路的清洁，应定期用干燥的压缩空气吹净机内的尘土。

② 电流调节。弧焊整流器的电流调节在焊机面板上进行。先启动电源开关，然后转动电流调节器，电流表指示电流数值，调到所需要的电流即可进行焊接。

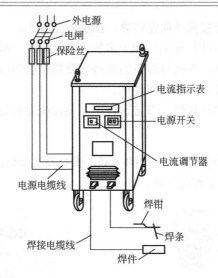

图 3-7　弧焊整流器的外部接线

二、手工电弧焊常用工具

1. 焊钳

用以夹持焊条并传导电流以进行焊接的工具即焊钳，如图 3-8 所示。焊钳应该能夹紧焊条，更换焊条要方便灵活，而且质量要轻，方便操作，安全绝缘性能高。

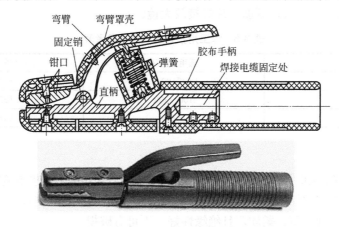

图 3-8　焊钳的结构

（1）焊钳的技术参数。

常用焊钳有 300A 和 500A 两种规格，其技术参数见表 3-4。

表 3-4　焊钳技术参数

型号	额定电流/A	焊接电缆孔径/mm	适用焊条直径/mm	质量/kg	外形尺寸（长×宽×高）/mm
G352	300	14	2～5	0.5	250×80×40
G582	500	18	4～8	0.7	290×100×45

（2）焊钳的选择。

焊接过程中对焊钳的选用原则如下所述。

① 焊钳与焊接电缆的连接应该简便可靠，接触电阻要小。

② 焊钳钳口的材料要有高的导电性和一定的力学性能，一般要用纯铜制造。

③ 焊钳要能紧夹住焊条，在夹持焊条的夹持端要能根据焊接的需要变换多种角度。

④ 焊钳的自身质量要轻，便于操作使用。

⑤ 焊钳必须具有良好的绝缘性，焊接过程中不易发生发热烫手的现象。

2. 面罩

面罩如图3-9所示，是对焊接时产生的飞溅、弧光及其他辐射对焊工面部与颈部进行遮蔽的一种工具，有手持式和头盔式两种。

（a）手持式面罩　　　　　　　　　　（b）头盔式面罩

图3-9　面罩

面罩上装有遮蔽焊接产生的有害光线的护目玻璃，护目玻璃可按表3-5选用。选择护目玻璃的色号，还应考虑焊工的视力，一般视力较好，宜用色号大些和颜色深些的，以保护视力。为使护目玻璃不被焊接时的飞溅损坏，可在外面加上两片无色透明的防护白玻璃。有时为增加视觉效果可在护目玻璃后加一片焊接放大镜。

表3-5　焊工用护目玻璃选用参考表

色号	适用电流/A	尺寸（长×宽×高）/mm
7～8	≤100	107×50×2
8～10	100～300	107×50×2
10～12	≥300	107×50×2

3. 焊接电缆

焊接电缆（如图3-10所示）的作用是传导焊接电流。焊条电弧对焊接电缆的要求如下所述。

① 应由多股细纯铜丝制成，其截面应根据焊接电流和导线长度选择。

② 电缆外皮必须完整、柔软，且绝缘性好，不可有破损。

③ 焊接电缆长度一般不宜超过20～30m。如需超过时，可用分节导线，连接焊钳的一段用细电缆，便于操作，以减轻焊工劳动强度。

④ 电缆线的接头应采用电缆接头连接器（如图3-11所示），其连接简便牢固。

图3-10　焊接电缆　　　　　　　　　　图3-11　电缆接头连接器

焊接电缆的型号有 YHH 型电焊橡胶套电缆和 YHHR 型电焊橡胶特软电缆，电缆的选用可参考表 3-6。

表 3-6　焊接电缆与焊接电流、导线长度的关系

焊接电流/A	导线长/m								
	20	30	40	50	60	70	80	90	100
	导线横截面积/mm²								
100	25	25	25	25	25	25	25	28	35
150	35	35	35	35	20	50	60	70	70
200	35	35	35	50	60	70	70	70	70
300	35	50	60	60	70	70	70	85	85
400	35	50	60	70	85	85	85	95	95
500	50	60	70	85	95	95	95	120	120
600	60	70	85	85	95	95	120	120	120

焊接电缆的两端可通过接线夹头连接焊机和焊件，也减小连接的电阻；工作时要防止焊件压伤和折断电缆；电缆不能与刚焊完的焊件接触，以免烧坏。

4. 焊条保温筒

焊条保温筒是在施工现场供焊工携带的可储存少量焊条的一种保温容器，是焊工在工作时为保证焊接质量不可缺少的工具，如图 3-12 所示。它能使焊条从烘箱内取出后继续保温，以保持焊条药皮在使用过程中的干燥度，并且在焊接过程中断时应接入弧焊电源的输出端，以保证焊条保温筒的工作温度。

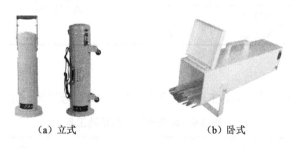

（a）立式　　　　　　　（b）卧式

图 3-12　焊条保温筒

焊条保温筒在使用过程中，先连接在弧焊电源的输出端，在弧焊电源空载时通电加热到工作温度 150～200℃后再放入焊条。装入焊条时，应将电焊条倾斜滑入筒内，防止直捣保温筒底。常用的焊条保温筒型号与规格见表 3-7。

表 3-7　常用的焊条保温筒的型号与规格

型号	形式	容量/kg	温度/℃
TRG-5	立式	5	
TRG-5W	卧式	5	
TRG-2.5	立式	2.5	
TRG-2.5B	背包式	2.5	200
TRG-2.5C	顶出式	2.5	
W-8	立、卧两用式	5	
PR-1	立式	5	300

5. 焊条烘干设备

焊条烘干设备主要用于焊前对焊条的烘干和保温，以减少或防止在焊接过程中因焊条药皮吸湿而造成焊缝中出现气孔、裂纹等缺陷。

常用的焊条烘干设备见表3-8。

表 3-8 常用的焊条烘干设备

名称	型号规格	容量/kg	主要功能
自动远红外电焊条烘干箱	RDL4-30	30	采用远红外辐射加热、自动控温、不锈钢材料的炉膛、分层抽屉结构，最高烘干温度可达 500℃。100kg 容量以下的烘干箱设有保温储藏箱 RDL4 系列电焊条烘干箱，YHX、ZYH、ZYHC、DH 系列，使用性能不变
	RDL4-40	40	
	RDL4-60	60	
	RDL4-100	100	
	RDL4-150	150	
	RDL4-200	200	
	RDL4-300	300	
	RDL4-500	500	
	RDL4-1000	1000	
记录式数控远红外电焊条烘干箱	ZYJ-500	500	采用三数控带 P、I、D 超高精度仪表，配置自动平衡记录仪，使焊条的烘干温度、温升时间曲线有实质记录供焊接参考，最高温度达 500℃
	ZYJ-150	150	
	ZYJ-100	100	
	ZYJ-60	60	
节能型自控远红外电焊条烘干箱	BHY-500	500	设有自动控温、自动控温、烘干定时、报警技术，具有多种功能，最高温度达 500℃
	BHY-100	100	
	BHY-60	60	
	BHY-30	30	

6. 辅助工具

焊条电弧焊时常用的辅助工具主要有角向磨光机、风铲、敲渣锤、扁錾、钢丝刷等，见表3-9。

表 3-9 焊条电弧焊用辅助工具

名称	图示	说　明
角向磨光机		角向磨光机有电动和气动两种。电动角向磨光机转动平稳、力量大、噪声小、使用方便；气动角向磨光机质量轻、安全性能高，但对气源要求高，手持电动式角向磨光机使用得较多。角向磨光机用于焊接前的坡口钝边磨削、焊件表面的除锈、焊接接头的磨削、多层焊时层间缺陷的磨削等一些焊缝表面缺陷的磨削工作
风铲		风铲又叫扁铲打渣机。当采用碱性焊条焊接厚钢板焊件时，人工敲渣的时间约占全部焊接时间的 50%以上，而且冲击震动力大，影响焊接质量。风铲是将扁铲装在一风动工具上进行敲渣，比手工敲渣可以缩短敲渣时间约 2/3，且轻巧灵活，后坐力小，清渣彻底，方便安全
敲渣锤		用于清除焊件上的熔渣

名称	图示	说 明
扁錾		用于清除焊渣，也可铲除飞溅物和焊瘤
钢丝刷	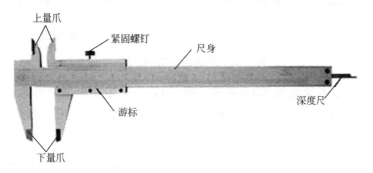	用以清除焊件表面的铁锈、油污等。清理坡口和多道焊时，宜用 2～3 行窄形弯把钢丝刷

三、常用量具

1. 钢直尺

钢直尺如图 3-13 所示，用于测量长度，常用薄钢板或不锈钢制成。钢直尺的刻度误差规定，在 1cm 分度内误差不超过 0.1mm。常用的钢直尺有 150mm、300mm、500mm 和 1000mm 等四种长度。

图 3-13　钢直尺

2. 游标卡尺

游标卡尺主要由上量爪、下量爪、紧固螺钉、尺身、游标和深度尺组成，如图 3-14 所示。

图 3-14　游标卡尺的结构

使用时，旋松固定游标用的紧固螺钉即可测量。下量爪用来测量工件的外径和长度，上量爪用来测量孔径和槽宽，深度尺用来测量工件的深度和台阶长度，如图 3-15 所示。

3. 焊缝量规

焊缝量规用以检查坡口角度和焊件装配，这种量规的结构与使用如图 3-16 所示。

4. 焊道量规

焊道量规如图 3-17 所示，它是用来测量焊脚尺寸的量具。此种量具制作简单，只要用一块厚 1.5～2.0mm 的钢板，在角上切去一个边长为 6mm、8mm、10mm 或 12mm 的等腰三角形，并在切去的斜边两头适当地挖出两个弧形。

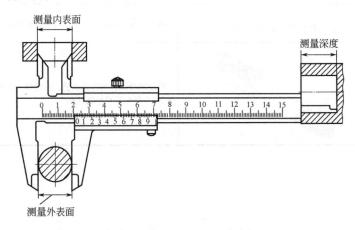

图 3-15　游标卡尺的测量范围

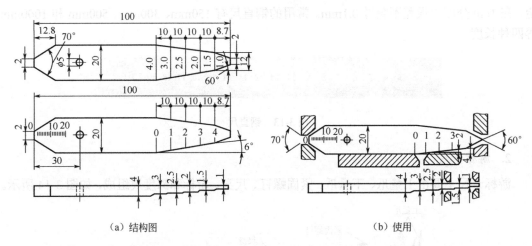

（a）结构图　　　　　　　　　　　　　　　（b）使用

图 3-16　焊缝量规的结构与使用

焊道量规的使用方法如图 3-18 所示。图 3-18（a）说明焊道的焊角的大小是 8mm，而图 3-18（b）说明焊道的焊角大于 6mm，只需要 8mm 或其他角度去测量。

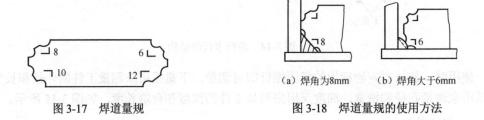

图 3-17　焊道量规　　　　　　　　　　　（a）焊角为8mm　　（b）焊角大于6mm

图 3-18　焊道量规的使用方法

任务 2　认识焊条

焊条是焊条电弧焊使用的主要焊接材料，本任务主要是让学生了解与掌握焊条的结构分类、型号、牌号及焊条的选用保管与使用，从而全面了解焊条的性能和特点，以便达到在焊接生产中能做到合理选择、正确控制和调整焊缝金属成分与性能，获得优质焊接头的目的。

一、焊条的组成

在焊接中，最常用的焊接材料就是焊条。焊条由焊芯（金属芯）和药皮组成。焊条前端的药皮有 45°左右的倒角，以便于引弧。焊条尾部有一段裸露的焊芯，长约 10～35mm，便于焊钳夹持和导电。焊条的长度一般在 250～450mm 之间。焊条的组成如图 3-19 所示。

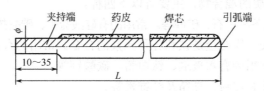

图 3-19　焊条的组成

焊条直径（即焊芯直径）包括 2.mm、2.5mm、3.2mm、4.0mm、5.0mm、5.8mm 及 6.0mm 等几种规格，常用的有 2.5mm、3.2mm、4.0mm、5.0mm 四种。

1. 焊芯

焊条中被药皮包裹的具有一定长度和直径的金属芯称为焊芯。焊接时，焊芯有两个作用：一是导通电流，维持电弧稳定燃烧；二是作为填充的金属材料与熔化的母材共同形成焊缝金属。

焊条电弧焊时，焊芯熔化形成的填充金属约占整个焊缝金属的 50%～70%，所以，焊芯的化学成分及各组成元素的含量，将直接影响焊缝金属的化学成分和力学性能。碳钢焊芯中各组成元素对焊接过程和焊缝金属性能的影响见表 3-10。

表 3-10　碳钢焊芯中各组成元素对焊接过程和焊缝金属性能的影响

组成元素	影响说明	质量分数
碳（C）	焊接过程中碳是一种良好的脱氧剂，在高温时与氧化合生成 CO 或 CO_2 气体。这些气体从熔池中逸出，在熔池周围形成气罩，可减小或防止空气中氧、氮与熔池的作用，所以碳能减少焊缝中氧和氮的含量。但碳含量过高时，由于还原作用剧烈，会增加飞溅和产生气孔的倾向，同时会明显地提高焊缝的强度、硬度，降低焊接接头的塑性，并增大接头产生裂纹的倾向	小于 0.10%为宜
锰（Mn）	焊接过程中锰是很好的脱氧剂和合金剂。锰既能减少焊缝中氧的含量，又能与硫化合生成硫化锰（MnS）起脱硫作用，可以减小热裂纹的倾向。锰可作为合金元素渗入焊缝，提高焊缝的力学性能	0.30%～0.55%
硅（Si）	硅也是脱氧剂，而且脱氧能力比锰强，与氧形成二氧化硅（SiO_2）。但它会增加熔渣的黏度，黏度过大会促使非金属夹杂物的生成。过多的硅还会降低焊缝金属的塑性和韧性	一般限制在 0.04%以下
铬（Cr）和镍（Ni）	对碳钢焊芯来说，铬与镍都是杂质，是从炼钢原料中混入的。焊接过程中铬易氧化，形成难溶的氧化铬（Cr_2O_3），使焊缝产生夹渣。镍对焊接过程无影响，但对钢的韧性有比较明显的影响。一般低温冲击值要求较高时，可以适当掺入一些镍	铬的质量分数一般控制在 0.20%以下，镍的质量分数控制在 0.30%以下
硫（S）和磷（P）	硫、磷都是有害杂质，会降低焊缝金属的力学性能。硫与铁作用能生成硫化铁（FeS），它的熔点低于铁，因此使焊缝在高温状态下容易产生热裂纹。磷与铁作用能生成磷化铁（Fe_3P 和 Fe_2P），使熔化金属的流动性增大，在常温下变脆，所以焊缝容易产生冷脆现象	一般不大于 0.04%，在焊接重要结构时，要求硫与磷的质量分数不大于 0.03%

2. 药皮

压涂在焊芯表面的涂料层称为药皮。由于焊芯中不含某些必要的合金元素，且焊接过程中要补充焊芯烧损（氧化或氮化）的合金元素，所以焊缝具有的合金成分均需通过药皮添加；同时，通过药皮中加入的不同物质在焊接时所起的冶金反应和物理、化学变化，能起到改善焊条工艺性能和改进焊接接头性能的作用。

（1）药皮的组成。

焊条药皮为多种物质的混合物，主要有以下四种。

① 矿物类。主要是各种矿石、矿砂等。常用的有硅酸盐矿、碳酸盐矿、金属矿及萤石矿等。

② 铁合金和金属类。铁合金是铁和各种元素的合金。常用的有锰铁、硅铁、铝粉等。

③ 化工产品类。常用的有水玻璃、钛白粉、碳酸钾等。

④ 有机物类。主要有淀粉、糊精及纤维素等。

焊条药皮的组成较为复杂，每种焊条药皮配方中都有多种原料。根据原料作用的不同，可分为稳弧剂、脱氧剂、造渣剂、造气剂、合金剂、黏结剂、稀渣剂和增塑剂。为简明起见，现将药皮涂料的名称、成分和作用列于表 3-11 中。

表 3-11　药皮涂料的名称、成分和作用

名称	涂料成分	作用
稳弧剂	碳酸钾、碳酸钠、长石、大理石、钛白粉、钠水玻璃、钾水玻璃	改善引弧性能和提高电弧燃烧的稳定性
脱氧剂	锰铁、硅铁、铝铁、石墨	降低药皮或熔渣的氧化性和脱除金属中的氧
造渣剂	大理石、萤石、菱苦土、长石、花岗石、陶土、钛铁矿、锰矿、赤铁矿、钛白粉、金红石	造成具有一定物理性能、化学性能的熔渣，并能良好地保护焊缝和改善焊缝成形
造气剂	淀粉、木屑、纤维素、大理石	形成的气体可加强对焊接区的保护
合金剂	锰铁、硅铁、钛铁、铬铁、钼铁、钒铁、石墨	使焊缝金属获得必要的合金成分
黏结剂	钾水玻璃、钠水玻璃	将药皮牢固地黏结在焊芯上
稀渣剂	萤石、长石、钛铁矿、钛白粉、锰铁、金红石	降低熔渣的黏度，增加熔渣的流动性
增塑剂	云母、滑石粉、钛白粉、高岭土	增加药皮的流动，改善焊条的压涂性能

（2）药皮类型。

根据药皮组成中主要成分的不同，焊条药皮可分为 8 种不同的类型。

① 氧化钛型（简称钛型）。药皮中氧化钛的质量分数大于或等于 35%，主要从钛白粉和金红石中获得。

② 钛钙型。药皮中氧化钛的质量分数大于 30%，钙和镁的碳酸盐矿石的质量分数为 20% 左右。

③ 钛铁矿型。药皮中含钛铁矿的质量分数大于或等于 30%。

④ 氧化铁型。药皮中含有大量氧化铁及较多的锰铁脱氧剂。

⑤ 纤维素型。药皮中有机物的质量分数为 15% 以上，氧化钛的质量分数为 30% 左右。

⑥ 低氢型。药皮主要组成物是碳酸盐和氟化物（萤石）等碱性物质。

⑦ 石墨型。药皮中含有较多的石墨。

⑧ 盐基型。药皮主要由氯化物和氟化物组成。

常用焊条药皮的主要成分、工艺性能及其适用范围见表 3-12。

表 3-12　常用药皮的主要成分、工艺性能及其适用范围

类型	主要成分	工艺性能	适用范围
钛型	氧化铁（金红石或钛白粉）	焊接工艺性能良好，熔深较浅。交直流两用，电弧稳定，飞溅小，脱渣容易。能进行全位置焊接，焊缝美观，但焊接金属塑性和抗裂性能较差	用于一般低碳钢结构的焊接，特别适用于薄板焊接
钛钙型	氧化钛与钙和镁的碳酸盐矿石	焊接工艺性能良好，熔深一般。交直流两用，飞溅小，脱渣容易	用于较重要的低碳钢结构和强度等级较低的低合金结构钢的焊接
钛铁矿型	钛铁矿	焊接工艺性能良好，熔深较浅。交直流两用，飞溅一般，电弧稳定	
氧化铁型	氧化铁矿及锰铁	焊接工艺性能差，熔深较大，熔化速度快，焊接生产率高。飞溅稍多，但电弧稳定，再引弧容易。立焊与仰焊操作性差。焊缝金属抗裂性能良好。交直流两用	用于较重要的低碳钢结构和强度等级较低的低合金结构钢的焊接，特别适用于中等厚度以上钢板的平焊
纤维素型	有机物与氧化钛	焊接时产生大量气体，保护熔敷金属，熔深大。交直流两用，电弧弧光强，熔化速度快。熔渣少，脱渣容易，飞溅一般	用于一般低碳钢结构的焊接，特别适宜于向下立焊和深熔焊接
低氢型	碳酸钙（大理石或石灰石）、萤石和铁合金	焊接工艺性能一般，焊前焊条需烘干，采用短弧焊接。焊缝具有良好的抗裂性能、低温冲击性能和力学性能	用于低碳钢及低合金结构钢的重要结构的焊接

（3）药皮的作用。

① 防止空气对熔化金属的不良作用。焊接时，药皮熔化后产生大量气体笼罩着电弧和熔池，使熔化金属与空气隔绝。同时还形成了熔渣，覆盖在焊缝的表面，保护焊缝金属，而且熔渣还能使焊缝金属缓慢冷却，有利于已熔入液体金属中的气体逸出，减少生成气孔的可能性，并能改善焊缝的成形和结晶。

② 冶金处理的作用。通过熔渣与熔化金属的冶金反应，除去有害杂质（如氧、氢、硫、磷）和添加有益的合金元素，使焊缝获得良好的力学性能。

虽然药皮对熔化金属有一定的保护作用，但液态熔池中仍不可避免地要有少量空气侵入，使液态金属中的合金元素烧损，导致焊缝力学性能的降低。因此，可在药皮中加入一些还原剂，使氧化物还原，并加入一定量的铁合金或纯合金元素，以弥补合金元素的烧损和提高焊缝金属的力学性能。同时，根据焊条性能的不同，还在药皮中加入一些去氢、去硫的元素，以提高焊缝金属的抗裂性。

③ 改善焊条工艺性能的作用。焊条的工艺性能主要包括：焊接电弧的稳定性、焊缝成形、全位置焊接的适应性、脱渣性、飞溅大小、焊条的熔敷率及焊条发尘量等评定指标。因此，药皮中所加入的物质一定要尽可能地满足这些指标的要求，使电弧能稳定燃烧、飞溅少、焊缝成形好、易脱渣及熔敷率高等。

二、焊条的分类、型号及牌号

1. 焊条的分类

焊条的分类方法很多，如按用途分类，按熔渣的碱度分类，甚至可以按船用电焊条分类等。

（1）按用途分类。

焊条按用途进行分类具有较大的实用性，可分为 10 大类。

结构钢焊条——主要用于焊接低碳钢和低合金高强度钢。

钼和铬钼耐热钢焊条——主要用于焊接珠光体耐热钢。

不锈钢焊条——主要用于焊接不锈钢和热强钢（高温合金）。

堆焊焊条——主要用于堆焊具有耐磨、耐热、耐腐蚀等性能的各种合金钢零件的表面层。

低温钢焊条——主要用于焊接各种在低温条件下工作的钢结构。

铸铁焊条——主要用于焊补各种铸铁件。

镍及镍合金焊条——主要用于焊接镍及其合金，有时也用于堆焊、焊补铸铁、焊接异种金属等。

铜及铜合金焊条——主要用于焊接铜及其合金、异种金属、铸铁等。

铝及铝合金焊条——主要用于焊接铝及其合金。

特殊用途焊条——主要用于焊接具有特殊要求及施焊部位的结构。

（2）按熔渣的碱度分类。

焊接过程中，焊条药皮或焊剂熔化后，经过一系列化学变化，形成覆盖于焊缝表面的非金属物质，称为熔渣。

根据熔渣的成分不同，可以把熔渣分为三大类，见表 3-13。

表 3-13 熔渣的分类

分 类	说 明	示 例
盐型熔渣	它主要由金属的氟盐、氯盐组成。这类熔渣的氧化性很小，有利于焊接铝钛和其他活性金属及其合金	如 CaF_2-NaF、CaF_2BaCl_2-NaF 等
盐-氧化物型熔渣	它主要由氟化物和强金属氧化物组成。熔渣的氧化性也不大，用于焊接高合金钢及其合金	如 $CalF_2$-CaO-Al_2O_3、CaF_2-CaO-Al_2O_3-SiO_2 等
氧化物型熔渣	它主要由各种金属氧化物组成，熔渣的氧化性较强，用于焊接低碳钢和低合金钢	如 MnO-SiO_2、FeO-MnO-SiO_2、CaO-$TiO2$-SiO_2 等

从表 3-13 可看出，熔渣通常由各种氧化物组成。氧化物可分为三种，见表 3-14。

表 3-14 熔渣的氧化物类型

氧化物类型	碱性按强到弱的次序排列
碱性氧化物	K_2O、Na_2O、CaO、MgO、BaO、MnO、FeO、Cu_2O、NiO
酸性氧化物	SiO_2、TiO_2、P_2O_5、V_2O_5
中性氧化物	Al_2O_3、Fe_2O_3、Cr_2O_3、V_2O_3、ZnO

为了表示熔渣碱性的强弱，一般用汉语拼音大写字母"碱度"来说明。熔渣的碱度可以用熔渣中各种氧化物质量分数之和的比值近似地计算：

$$K=\Sigma w_{碱性氧化物}/\Sigma w_{酸性氧化物}$$

当 $K>1.5$ 时，熔渣呈碱性，说明碱性氧化物比例高。此种焊条为碱性焊条。当 $K<1.5$ 时，熔渣呈酸性，说明酸性氧化物比例高。此种焊条为酸性焊条。

对碳钢焊条来说，由于钛型、钛钙型、钛铁矿型、氧化铁型、纤维素型的药皮所含强碱性氧化物较少，而酸性氧化物较多，故为酸性焊条，而低氢型药皮焊条中有较多的大理石及萤石，碱性较强，故为碱性焊条。常用碳钢焊条的焊接工艺性能比较见表 3-15。

表 3-15 常用碳钢焊条的焊接工艺性能比较

焊条分类	J421	J422	J423	J424	J425	J426	J427
	钛型	钛钙型	钛镁矿型	氧化铁型	纤维素型	低氢型	低氢型
熔渣特性	酸性，短渣	酸性，短渣	酸性，较短渣	酸性，长渣	酸性，较短渣	酸性，短渣	酸性，短渣
电弧稳定性	柔和、稳定	稳定	稳定	稳定	稳定	较差，交直	较差，直流
电弧吹力	小	较小	稍大	最大	最大	稍大	稍大
飞溅	少	少	中	中	多	较多	较多
焊缝外观	纹细、美观	美观	美观	稍粗	稍粗	粗	稍粗
熔深	小	中	稍大	最大	大	中	中
咬边	小	小	中	大	小	小	小
焊脚形状	凸	平	平、稍凸	平	平	平或凸	平或凸
脱渣性	好	好	好	好	好	较差	较差
熔化系数	中	中	稍大	大	大	中	中
粉尘	少	少	稍大	多	少	多	多
平焊	易	易	易	易	易	易	易
立向上焊	易	易	易	不可	极易	易	易
立向下焊	易	易	易	不可	易	易	易
仰焊	稍易	稍易	困难	不可	极易	稍难	稍难

（3）船用电焊条。

凡焊接材料制造厂生产的船用电焊条，必须首先经过我国国家船舶检验局根据《钢质海船入级与建造规范》的规定进行认可。如果建造出口船舶，还必须通过持证国的有关船级社的认可，方能用于船舶焊接生产。

世界主要船级社有：中国船舶检验局（简称 ZC）、英国劳埃德船级社（简称 LR）、德国埃劳德船级社（简称 GL）、法国船级社（简称 BV）、日本海事协会（简称 NK）、挪威船级社（简称 DnV）和美国船级社（简称 ABS）等。

2. 焊条的型号

焊条型号是以国家标准为依据，反映焊条主要特性的一种表示方法。主要内容包括：焊条、焊条类别、焊条特点（主要指熔敷金属的力学性能、化学性能）、药皮类型。

以下仅以碳钢焊条型号的编制为例做一简要介绍，其他类型焊条型号的编制请参阅有关资料。

① 型号中的第一字母"E"表示焊条。

②"E"后面的两位数表示熔敷金属的抗拉强度等级。

③"E"后面的第三位数字表示焊条的焊接位置。其中"0"及"1"表示焊条适用于全位置焊接（即可进行平、横、立、仰焊），"2"表示焊条适用于平焊及平角焊，"4"表示焊条适用于向下立焊。

④"E"后面的第三位和第四位数字组合时表示药皮类型和电源种类。

碳钢焊条型号举例如图 3-20 所示。

碳钢焊条型号的划分见表 3-16。

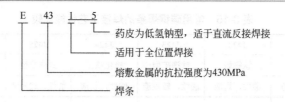

图 3-20　碳钢焊条型号举例

表 3-16　碳钢焊条型号的划分

焊条型号	药皮类型	焊接位置	电流种类
F43 系列——熔敷金属抗拉强度＞420Mpa			
E4300	特殊型	平、立、仰、横	交流或直流反接
E4301	钛铁矿型		
E4303	钛钙型		
E4310	高纤维钠型		直流反接
E4311	高纤维钾型		交流或直流反接
E4312	高钛钠型		
E4313	高钛钾型		交流或直流正、反接
E4315	低氢钛型		直流反接
E4316	低氢钾型		交流或直流反接
E4320	氧化铁型	平、平角焊	交流或直流正、反接
E4322			交流或直流反接
E4323	钛粉钛钙型	平、平角焊	交流或直流正、反接
E4324	铁粉钛型		交流或直流反接
E4327			交流或直流正、反接
E4328	铁粉低氢型		交流或直流反接
E50 系列——熔敷金属抗拉强度＞490Mpa			
E5001	钛铁矿型	平、立、仰、横	交流或直流正、反接
E5003	钛钙型		
E5011	高纤维钾型		交流或直流反接
E5014	铁粉钛型		交流或直流正、反接
E5015	低氢钠型		直流反接
E5016	低氢钾型		交流或直流反接
E5018	铁粉低氢型		
E5024	铁粉钛型	平、平角焊	交流或直流正、反接
E5027	铁粉氧化铁型		
E5028	铁粉低氢型	平、立、仰、立向下	交流或直流反接
E5048			

3. 焊条的牌号

焊条牌号是焊条制造商对生产的焊条所规定的统一编号，它主要根据焊条的用途及性能特点来命名。

（1）结构钢焊条牌号的编制。

结构钢焊条牌号的编制见表3-17。

表3-17　结构钢焊条牌号的编制

序号	代号	含义
1	拼音"J"或汉字"结"	结构钢焊条
2	两位数字（J后）	表示熔敷金属的抗拉等级
3	第三位（J后）	表示药皮类型和电源种类（见表3-18）
4	元素符号（或汉字）+两数字	符号（或汉字）表示药皮中加入的元素；两位数字表示熔敷率的1/10
5	元素符号或拼音字母	有特殊性能用途时加注起主要作用的元素符号或主要用途的拼音字母（一般不超过2个）

焊条药皮类型与电源种类见表3-18。

表3-18　焊条药皮类型与电源种类

牌号	药皮类型	电源种类	牌号	药皮类型	电源种类
××0	不属于规定类型	不规定	××5	纤维素型	直流或交流
××1	氧化钛型	直流或交流	××6	低氢钾型	直流或交流
××2	氧化钛钙型	直流或交流	××7	低氢钠型	直流
××3	钛铁矿型	直流或交流	××8	石墨型	直流或交流
××4	氧化铁型	直流或交流	××9	盐基型	直流

结构钢焊条牌号举例如图3-21所示。

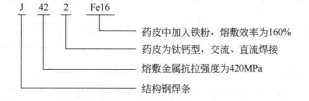

图3-21　结构钢焊条牌号举例

所谓熔化系数，是指熔焊过程中单位电流、单位时间内焊芯的熔化量，单位为g/A·h。

所谓熔敷效率，则是指熔敷金属量与熔化的填充金属量的百分比。

（2）船及海上平台用焊条的级别。

① 船用焊条的级别。船用电焊条按其熔敷金属的抗拉强度可分为 σ_b=400MPa 及 σ_b=460MPa 两个强度等级。每一强度等级又按其冲击韧性划分为三个级别。各级别的电焊条熔敷金属和焊接接头的拉力试验结果应符合表3-19的要求。

各个级别分别为 I41（1级）、II41（2级）、III41（3级）和 II47（2Y级）III47（3Y级）。所有低氢型焊条或超低氢型焊条在满足其力学性能要求后，应进行扩散氢的测定，并在焊条后面加上字母"H"或"HH"的标志，以表示符合测定要求的低氢型焊条或超低氢型焊条。如 III41H（3H级）、41HH（3HH级）、III47HH（3YH级）、47HH（3YHH级）等。

表 3-19　焊条级别、熔敷金属和焊接接头的力学性能

焊条级别	σ_s/MPa	σ_b/MPa	伸长率（标准距离长度 50mm）/%	V 形缺口冲击试验	
				温度/℃	冲击吸收功/J
I41 II41 III41	≥300	400～560	≥22	20 0 -20	≥48
II47 III47	≥370	460～660	≥22	0 20	≥48

说明：一组 3 个冲击试样中，允许有一个个别值小于所需平均值，但不得小于平均值的 70%。

② 海上平台用焊条的级别。按照国家相关规定，平台用焊条级别、熔敷金属和焊接接头的力学性能应符合表 3-20 的要求。

表 3-20　平台焊条级别、熔敷金属和焊接接头的力学性能

焊条分类	拉力试验		σ_s 下限值%	冷弯试验	V 形缺口冲击试验	
	σ_s 下限值/MPa	σ_b /MPa			温度/℃	冲击吸收功/J
1P	230	400～490	22	不裂	—	—
2P					0	
3P	230	400～490	22	不裂	-20	28
4P					-40	
1P32					0	
3P32	310	440～490	22	不裂	-20	32
4P32					-40	
1P36					0	
3P36	350	490～620	21	不裂	-20	35
4P36					-40	

说明：焊接正弯和反弯试样的受拉面在弯曲规定的角度后，如无超过 3mm 其他缺陷者则认为合格。

（3）钼及铬钼耐热钢焊条牌号的编制。

① 牌号第一个汉语拼音大写字母 "R" 或汉字 "热"，表示钼及铬钼耐热钢焊条。

② "R" 后面的第一位数字表示熔敷金属主要化学成分等级，见表 3-21。

表 3-21　钼及铬钼耐热钢焊条

牌号	熔敷金属主要化学成分（%）组成等级	牌号	熔敷金属主要化学成分（%）组成等级
R1××	Mo 为 0.5%	R5××	Cr 为 0.5%；Mo 为 0.5%
R2××	Cr 为 0.5%；Mo 为 0.5%	R6××	Cr 为 7%；Mo 为 1%
R3××	Cr 为 1%～2%；Mo 为 0.5%～1%	R7××	Cr 为 9%；Mo 为 1%
R4××	Cr 为 2.5%；Mo 为 1%	R8××	Cr 为 11%；Mo 为 1%

③ "R"后面的第二位数字表示同一熔敷金属主要化学成分等级中的不同编号。对同一种药皮类型的焊条，可有十个编号，按0，1，2，…，9顺序编排。

④ "R"后面第三位数字药皮类型和电源种类。

钼及铬钼耐热钢焊条牌号举例如图3-22所示。

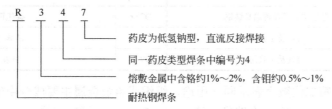

图 3-22　钼及铬钼耐热钢焊条牌号举例

（4）不锈钢焊条牌号的编制。

① 牌号中的第一个汉语拼音大写字母"G"及"A"或汉字"铬"及"奥"，表示铬不锈钢焊条和奥氏体不锈钢焊条。

② "G"或"A"后面的第一位数字表示熔敷金属主要化学成分等级，见表3-22。

表 3-22　不锈钢焊条熔敷金属主要化学成分等级

牌号	熔敷金属主要化学成分（%）组成等级	牌号	熔敷金属主要化学成分（%）组成等级
G2××	Cr 约为 13%	A4××	Cr 约为 25%；Ni 约为 20%
G3××	Cr 约为 17%	A5××	Cr 约为 16%；Ni 约为 25%
A0××	Cr≤0.04%（超低级）	A6××	Cr 约为 15%；Ni 约为 35%
A1××	Cr 约为 18%；Ni 约为 8%	A7××	铬锰氮不锈钢
A2××	Cr 约为 18%；Ni 约为 12%	A8××	Cr 约为 18%；Ni 约为 18%
A3××	Cr 约为 25%；Ni 约为 13%	A9××	待发展

③ "G"或"A"后面第二位数字表示同一熔敷金属主要化学成分等级中的不同编号。对同一种药皮类型的焊条，可有十个编号，按0，1，2，…，9顺序编排。

④ "G"或"A"后面第三位数字表示药皮类型和电源种类。

不锈钢焊条牌号举例如图3-23所示。

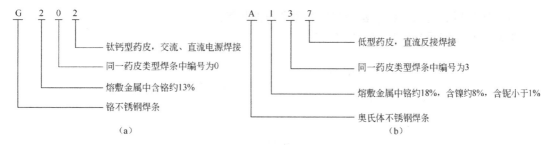

图 3-23　不锈钢焊条牌号举例

（5）堆焊焊条牌号的编制。

① 牌号中的第一个汉语拼音大写字母"D"或汉字"堆"，表示堆焊焊条。

② "D"后面的第一位数字表示焊条的用途、组织或熔敷金属主要成分，见表3-23。

表 3-23　堆焊焊条的用途、组织或熔敷金属主要成分

牌号	用途、组织或熔敷金属主要成分	牌号	用途、组织或熔敷金属主要成分
D0××	不规定	D5××	阀门用
D1××	普通常温用	D6××	合金铸铁用
D2××	普通常温用及常温高锰钢	D7××	碳化钨型
D3××	刀具及工具用	D8××	钴基合金
D4××	刀具及工具用	D9××	待发展

③ "D"后面第二位数字表示同一用途、组织或熔敷金属主要成分中的不同编号。对同一种药皮类型的焊条，可有十个编号，按 0，1，2，…，9 顺序编排。

④ "D"后面第三位数字表示药皮类型和电源种类。

堆焊焊条牌号举例如图 3-24 所示。

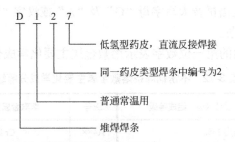

图 3-24　堆焊焊条牌号举例

（6）低温钢焊条牌号的编制。

① 牌号中的第一个汉语拼音大写字母"W"或汉字"温"表示低温钢焊条。

② "W"后面的两位数字表示该焊条的工作温度等级，见表 3-24。

表 3-24　低温钢焊条

牌号	工作温度	牌号	工作温度
W70××	−70℃	W19××	−196℃
W90××	−90℃	W25××	−253℃
W11××	−110℃		

③ "W"后面第三位数字表示药皮类型和电源种类。

低温钢焊条牌号举例如图 3-25 所示。

图 3-25　低温钢焊条牌号举例

（7）铸铁焊条牌号的编制。

① 牌号中的第一个汉语拼音大写字母"Z"或汉字"铸"，表示铸铁焊条。

② "Z" 后面的第一位数字表示熔敷金属主要化学成分组成类型，见表 3-25。

表 3-25　铸铁焊条的熔敷金属主要化学成分组成类型

牌号	熔敷金属主要化学成分组成类型	牌号	熔敷金属主要化学成分组成类型
Z1××	铸铁或高钒钢	Z5××	镍铜
Z2××	铸铁（包括球墨铸铁）	Z6××	铜铁
Z3××	纯镍	Z7××	待发展
Z4××	镍铁		

③ "Z" 后面第二位数字表示同一熔敷金属主要化学成分组成类型中的不同编号。对同一种药皮类型的焊条，可有十个编号，按 0，1，2，…，9 顺序编排。

④ "Z" 后面第三位数字表示药皮类型和电源种类。

铸铁焊条牌号举例如图 3-26 所示。

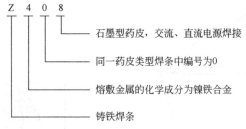

图 3-26　铸铁焊条牌号举例

（8）特殊用途焊条的编制。

① 牌号中的两个汉语拼音大写字母 "TS" 或汉字 "特殊"，表示特殊用途焊条。

② "TS" 后面的第一位数字表示焊条的用途，见表 3-26。

表 3-26　特殊用途焊条用途或熔敷金属主要成分

牌号	用途或熔敷金属主要成分	牌号	用途或熔敷金属主要成分
TS2××	水下焊接用	TS5××	电渣焊用管状焊条
TS3××	水下切割用	TS6××	铁锰铝焊条
TS4××	铸铁件焊补前开坡口用	TS7××	高硫堆焊焊条

③ "TS" 后面第二位数字表示同一用途中的不同编号。对同一种药皮类型的焊条，可有十个编号，按 0，1，2，…，9 顺序编排。

④ "TS" 后面第三位数字表示药皮类型和电源种类。

特殊用途焊条牌号举例如图 3-27 所示。

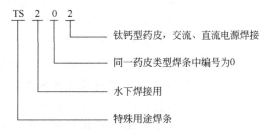

图 3-27　特殊用途焊条牌号举例

三、焊条的选用、保管与使用

1. 焊条的检验

（1）外观的检验。

焊条外皮应该细腻光滑，无气孔和机械损伤，药皮无偏心，焊芯无锈蚀现象，引弧端有倒角，夹持端牌号标志清晰。

（2）药皮强度的检验。

将焊条平举 1m 高，自由落到光滑的厚钢板上，如图 3-28 所示。如药皮无脱落现象，则药皮强度合格。

（3）偏心度的检验。

焊条偏心度如图 3-29 所示，图中 T_1 表示焊条断面药皮最大厚度与焊芯直径之和，T_2 表示的是同一断面药皮层最小厚度与焊芯直径之和。

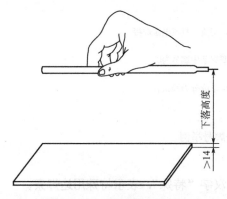

图 3-28　药皮强度的检验方法

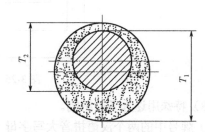

图 3-29　焊条的偏心度

焊条的偏心度应该在公差允许的范围内。如果偏心过大，焊接时会使电弧产生偏弧以及药皮成块脱落，影响焊接的质量。焊条偏心的合格标准：直径不大于 2.5mm 的焊条，偏心度不应大于 7%；直径为 3.2mm 和 4.0mm 的焊条，偏心度不应大于 5%；直径不小于 5.0mm 的焊条，偏心度不应大于 4%。

（4）工艺性检验。

焊条工艺性的检验主要包括电弧稳定性、再引弧性能和脱渣性等检验项目。用接受检验的焊条进行焊接的试验，如果引弧很容易，电弧燃烧也稳定，且飞溅小，药皮熔化均匀，焊缝成形好，脱渣容易，则焊条的工艺性就好。其中，电弧稳定性检验中的断弧长度的检验是

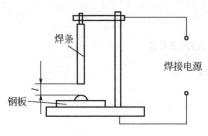

图 3-30　断弧长度测定示意图

很重要的，其方法是将焊条垂直装夹在特制的支架上，焊条下方放置一块钢板，焊条与钢板分别为电源的两极，并接通电流、电压表。接通电源后，用碳棒引燃电弧，随着焊条的熔化，电弧长度逐渐增加，当达到一定的长度时，电弧自行熄灭。记录电流、电压的数值，待断电后测量从焊缝顶端至焊芯端头的距离，这个距离就是断弧长度，如图 3-30 所示。一般以 3 次测量的平均值为该焊条的断弧长度，断弧长度大者表明电弧稳定性优良。

（5）理化检验。

焊接重要焊件时，应对焊条熔敷金属进行金相试验、化学分析及力学性能试验，以此检验焊条质量，当所有项目都合格时，焊条才合格。

（6）潮湿变质检验。

① 将几根焊条放在手掌上滚动，若焊条互相碰撞时，发出清脆的金属声，则焊条是干燥的；若发出低沉的沙沙声，则焊条已经受潮，需要烘干后再使用。

② 将焊条在焊接回路中短路数秒，如果焊条表面出汗或出现颗粒状斑点，则焊条也受潮，不能正常使用。

③ 焊芯上有锈痕，则焊条已经受潮。

④ 对于厚药皮焊条，缓慢弯曲至120°，如果有大块药皮脱落或药皮表面无裂纹，都是受潮焊条，干燥的焊条在缓慢弯曲时，有小的脆裂声，继续弯曲至 120°，药皮受拉面有小裂纹出现。

⑤ 焊接时如果药皮成块脱落，产生大量水蒸气或有爆裂现象，说明焊条已经受潮。

已经受潮的焊条，若药皮脱落，则应该报废，如果受潮但不严重，可以烘干后再用。酸性焊条的焊芯有轻微的锈点，焊接时也基本能保证质量，但对重要焊接结构用的碱性焊条，生锈后则不能用。

2. 焊条的选用

正确地选择焊条，拟定合理的焊接工艺，才能保证焊接接头不产生裂纹、气孔、夹渣等缺陷，才能满足结构接头的力学性能和其他特殊性能的要求，从而保证焊接产品的质量。在金属结构的焊接中，选用焊条应注意以下几条原则。

（1）考虑母材的力学性能和化学成分。

焊接结构通常是采用一般强度的结构钢和高强度结构钢。焊接时，应根据设计要求，按结构钢的强度等级来选用焊条。值得注意的是，钢材一般按屈服强度等级来分级，而焊条是按抗拉强度等级来分级的。因此，应根据钢材的抗拉强度等级来选择相应强度或稍高强度的焊条。但焊条的抗拉强度太高会使焊缝强度过高而对接头有害。同时，还应考虑熔敷金属的塑性和韧性应不低于母材。当要求熔敷金属具有良好的塑性和韧性时，一般可选择强度低一级的焊条。

对合金结构钢来说，一般不要求焊缝与母材成分相近，只有焊接耐热钢、耐蚀钢时，为了保证焊接接头的特殊性能，则要求熔敷金属的主要合金元素与母材相同或相近。当母材中碳、硫、磷等元素含量较高时，应选择抗裂性好的低氢型焊条。

（2）考虑焊接结构的受力情况。

由于酸性焊条的焊接工艺性能较好，大多数焊接结构都可选用酸性焊条焊接。但对于受力构件，或工作条件要求较高的部位和结构，都要求具有较高的塑性、韧性和抗裂性能，则必须使用碱性低氢型焊条。

（3）考虑结构的工作条件和使用性能。

根据焊件的工作条件，包括载荷、介质和温度等，选择相应的能满足使用要求的焊条。如高温或低温条件下工作的焊接结构应分别选择耐热钢焊条和低温钢焊条；接触腐蚀介质的焊接结构应选择不锈钢焊条；承受动载荷或冲击载荷的焊接结构应选择强度足够、塑性和韧性较好的碱性低氢型焊条。

（4）考虑劳动条件和劳动生产率。

在满足使用性能的情况下，应选用高效焊条，如铁粉焊条、下行焊条等。当酸性焊条和碱性焊条都能满足焊接性能要求时，应选用酸性焊条。

3. 焊条的保管、发放和使用

焊条的保管、发放和使用，以及必要的复验，是保证焊接质量的重要环节，它将直接影响焊缝的质量。每一位焊工、保管员和技术员都应该熟悉焊条的储存和保管规则，熟悉焊条的烘焙和使用要求。

（1）焊条的保管。

焊条的保管应注意以下几个方面。

① 进厂的焊条应先由技术检验部门核对其生产单位、质量证书、牌号、规格、重量、批号、生产日期。对无证和无检验认可的标记或包装破损、运输过程受潮及不符合标准规定的焊条，检验人员有权拒绝验收入库。

② 当发现已入库的焊条因保管不善、存放时间过长或发放错误等情况时，质检人员可按有关产品验收技术条件进行抽样检查，不合格的应予报废，并要求停止使用。

③ 要保持焊条仓库良好的通风和干燥，同时保证室温不应低于 18℃。对含氢量有特殊要求的焊条，其相对湿度应不大于 60%。

④ 堆放焊条的货架或垫木应离墙、离地不小于 300mm。

⑤ 焊条应按品种、牌号分类堆放，并标以明显标志。

（2）焊条的发放和使用。

从仓库领取焊条进行使用时，需按产品说明书规定的规范进行烘干后才能发放使用。

① 由于酸性焊条对水分不敏感，不易产生气孔，所以酸性焊条可根据受潮情况决定是否进行烘焙。对于受潮严重的焊条，要在 70～150℃下进行烘焙，保温 1h，使用前不再烘焙。对一般受潮的焊条，焊前不必烘焙。

② 碱性焊条在使用前必须烘干，以降低焊条的含水量，防止气孔、裂纹等缺陷的产生。烘干温度一般为 350～400℃，保温 2h。经烘干的碱性焊条最好放入一个温度控制在 100～150℃的保温电烘箱中存放，随用随取。

③ 露天作业时，规定碱性焊条一次领取不得超过 4h 的用量，酸性焊条一次领取不得超过 8h 的用量，如果到时间未用完，应立即归还。

④ 在现场作业时，焊工应将焊条存放在焊条箱（盒）或自垫式焊条保温筒内，不得随意乱放，以免受潮或破损而影响焊接质量。

任务 3　焊条电弧焊主要参数的选择

焊接参数是指为了保证焊接质量而选定的，它包括焊接电流、电弧电压、焊条直径、焊接速度等物理量。其中主要的工艺参数是焊条直径和焊接电流。

本任务主要要求学生了解与掌握焊条电弧焊主要参数的选择，以保证焊接质量与效率。在实际生产操作中，焊接电压与焊接速度一般不做具体规定，而是在实际操作中由焊工根据情况灵活掌握。

一、焊条直径的选择

焊条直径的选择主要取决于焊件的厚度、接头的形式、焊缝位置与焊接层次等因素。在不影响焊接质量的条件下，为提高生产效率，通常倾向于选择较大直径的焊条。焊条直径的选择通常遵循以下几个原则。

① 对于厚度较大的焊件，应选用较大直径的焊条。

② 平焊时，焊条的直径可大些。

③ 立焊时，焊条的直径最大不超过 5mm。

④ 横焊和仰焊时，为减少熔化金属的下淌现象，焊条直径一般不超过 4mm。

⑤ 开坡口多层焊时，为防止产生未焊透的缺陷，第一层焊缝宜采用直径为 3.2mm 的焊条，以后各层则根据厚度合理选用稍大一些的焊条。

一般情况下，焊条直径与焊件厚度之间的关系可参考表 3-27。

表 3-27　焊条直径与焊件厚度之间的关系

焊件厚度/mm	≤1.5	2	3	4～5	6～12	≥12
焊条直径/mm	1.6	2	3.2	3.2～4	4～5	4～6

二、焊接电流的选择

增大焊接电流能提高生产率，但电流过大易造成焊缝咬边、烧穿等缺陷，同时金属组织也会因过热而发生变化；相反，电流过小会造成夹渣、未焊透等缺陷，降低焊接接头的力学性能。所以，应选择适当的焊接电流。

焊接时，电流强度与焊条类型、焊条直径、焊件厚度、接头形式、焊接位置和焊道层次等因素有关，其中主要的是焊条直径和焊接位置。

（1）焊接电流和焊条直径的关系。

当焊件厚度较小时，焊条直径要选小些，焊接电流也应选小些。反之，则应选择较大的焊条直径，电流强度也要相应增大。低碳钢平焊的焊接电流与焊条直径的关系见表 3-28。

表 3-28　低碳钢平焊的焊接电流与焊条直径的关系

焊条直径/mm	2	2.5	3.2	4	5	6
焊条电流/A	40～70	70～90	90～130	140～210	220～270	270～320

（2）焊接电流与焊接位置的关系。

平焊时，由于运条和控制熔池中的熔化金属比较容易，因此可以选择较大的焊接电流。但在其他位置焊接时，为了避免熔池金属下淌，应适当减小焊接电流。在焊件厚度、接头形式、焊条直径相同的情况下，立焊时的焊接电流比平焊时减小 10%～15%，而仰焊时要比平焊减小 10%～20%。当使用碱性焊条时，焊接电流要比酸性焊条小 10%。

焊接电流是否适当可参考表 3-29 进行判断。

表 3-29　焊接电流的判别

内容	现象	情况
飞溅	电弧吹力大，可看到较大颗粒的铁水向熔池外飞溅，爆裂声大，焊件表面不干净	电流过大
	电弧吹力小，熔渣和铁水不易分开	电流过小
焊缝成形	熔深大，焊缝低，两边易产生咬边	电流过大
	焊缝窄小，且两侧与基本金属熔合不好	电流过小
	焊缝两侧与基本金属熔合很好	电流适中

续表

内容	现　象	情况
焊条熔化状况	焊条烧了大半根，其余部分已发红	电流过大
	电弧燃烧不稳定，焊条易黏在焊件上	电流过小

三、电源种类和极性的选择

由于直流电弧焊时，焊接电弧正、负极上的热量不同，所以采用直流电源时有正接和反接之分，如图 3-31 所示。

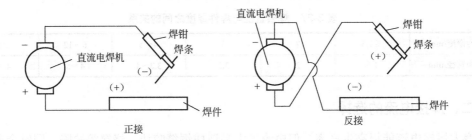

图 3-31　直流电源的正接与反接

正接是指焊条接电源负极，焊件接电源正极，此时焊件获得热量多，温度高，熔池深，易焊透，适于焊接厚件；反接是指焊条接电源正极，焊件接电源负极，此时焊件获得热量少，温度低，熔池浅，不易焊透，适于焊接薄件。

提　示

① 如果使用碱性低氢钠型焊条（如 E5015 等）焊接重要结构时，无论焊接厚板还是薄板，均应采用直流反接，因为这样可减少飞溅和气孔，并使电弧稳定燃烧。

② 如果焊接时使用交流电焊设备，由于电弧极性瞬时交替变化，所以两极加热一样，两极温度也基本一样，不存在正接和反接的问题。

四、焊接速度的选择

单位时间内完成的焊缝长度称为焊接速度。焊接速度应该均匀适当，既保证焊透又要保证不烧穿，同时还要使焊缝宽度和高度符合图样设计要求。

焊接速度对焊缝成形的影响见表 3-30。

表 3-30　焊接速度对焊缝成形的影响

速度	图　示	影　响
太慢		焊接速度过慢，使高温停留时间增长，热影响区宽度增加，焊接接头的晶粒变粗，力学性能降低，同时变形量增大。当焊接较薄焊件时，则易烧穿
太快		速度均匀，既能保证焊透，又能保证不烧穿，同时也使焊缝宽度和高度符合图样设计要求
适中		焊接速度过快，熔池温度不够，易造成未焊透、未熔合、焊缝成形不良等缺陷

五、焊接层数的选择

当焊件较厚时，往往需要多层焊，如图 3-32 所示。

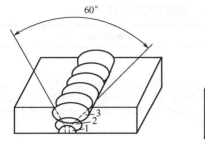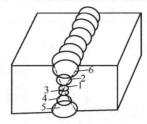

图 3-32 多层焊

① 多层焊时，后层焊道对前一层焊道重新加热和部分熔化，可以消除前者存在的偏析、夹渣及一些气孔。

② 后层焊道还对前层焊道具有热处理作用，能改善焊缝的金属组织，提高焊缝的力学性能，因此，对一些重要的结构，焊接层数多些为好，但每层厚度最好不大于 5mm。

六、焊接热输入的选择

焊接参数的大小应综合考虑，通常用热输入来表示。所谓热输入是指焊接时焊接热源输入到单位长度焊缝上的能量，一般用下式表示：

$$E=\eta I_h U_h/v$$

式中　E——焊接热输入（J/cm）；

　　　η——焊接电弧有效功率因数；

　　　I_h——焊接电流（A）；

　　　U_h——电弧电压（V）；

　　　v——焊接速度（cm/s）。

在一定的焊接条件下，η 是常数，它主要决定于焊接方法、焊接参数和焊接材料的种类。焊接参数对热影响区的大小与性能有影响。采用较小的焊接热输入，如降低焊接电流、增大焊接速度等，可减少热影响区的尺寸，不仅如此，从防止过热组织和晶粒粗化的角度来说，也是采用小的热输入较好。

任务 4　焊条电弧焊操作

焊条电弧焊的基本操作有引弧、运条、焊缝起头、焊缝的收尾、焊缝的接头和定位焊等。本任务可采用实景教学的方法，教师先示范演示，学生再模仿操作一次，然后教师根据其完成情况进行指导与纠正，让学生迅速掌握其动作要领。

一、焊条电弧焊的基本操作方法

1. 引弧

电弧开始时，在焊条末端和焊件之间建立电弧的过程叫引弧。引弧的方法包括不接触引弧和接触引弧两类。接触引弧法就是在引弧前先接通焊接电源，使电焊条端部与焊件短路，当焊条拉开时就能引燃电弧，由于操作手法的不同，常用的引弧方法有划擦法和直击法两种，见表3-31；不接触引弧的方法很少使用。

表3-31 接触引弧的方法

引弧方法	图　示	操作说明	特点
划擦法	引弧前　　引弧后	先将焊条前端对准焊件，然后将手腕扭转一下，使焊条在焊件表面上轻微划擦一下，焊条提起2~4mm，即在空气中产生电弧。引弧后，使电弧长度不超过焊条	引弧方法似划火柴，易于掌握
直击法	引弧前　　引弧后	先将焊条前端对准焊件，然后将手腕下弯，使焊条轻微碰一下焊件，再迅速将焊条提起2~4mm，即产生电弧。引弧后，手腕放平，使弧长保持在与所用焊条直径相适应的范围内	引弧方法时，因手腕动作不灵活，感到不易掌握

2. 运条

焊接过程焊条相对焊件所做的各种操作运动总称运条。

（1）运条的基本动作。

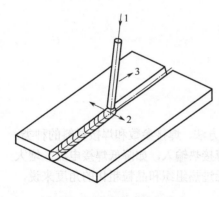

图3-33　运条的基本动作

运条包括沿焊条轴线的送进、沿焊道轴线方向的纵向前移和横向摆动三种动作，如图3-33所示。

① 送进。送进是指焊条沿焊条轴线向下进行的移动。在焊接过程中，由于焊条的熔化，会使电弧变长，为了维持弧长不变，要求焊条的送进速度必须等于熔化速度，才能保证焊接过程稳定。若送进速度大于熔化速度，则弧长会越来越短，焊接电流迅速增加，电弧电压降低，就会发生短路，使电弧熄灭；若送进速度小于熔化速度，则弧长会越变越长，焊接电流会越来越小，熔化速度随之变小，使电弧迅速变长直至熄灭。

焊工在焊接过程中应根据弧长的变化状况，随时调整送进速度，保持弧长不变，使焊接电流稳定。技术好的焊工在进行焊接时，电流表和电压表的指示值几乎是不变的，或在调定值很小的范围内摆动（$\Delta I \pm 10A$，$\Delta U \pm 1V$）。

② 纵向前移。纵向前移是指焊条沿焊缝轴线方向向前的移动，使熔敷金属与熔化的母材形成焊缝。焊条前移的速度就是焊接速度，它对焊缝质量、焊接生产率有很大的影响。若焊接速度太快，电弧来不及熔化足够的焊条与母材，则焊缝很窄，或产生未焊透、熔合不良等缺陷；若焊接速度太慢，则会造成焊缝过高、过宽、外形不整齐，产生过烧或烧穿缺陷。焊接过程中必须保持焊接速度均匀，才能获得外形美观的焊道。

③ 横向摆动。横向摆动是指焊条沿焊缝轴线的垂直方向的运动，其摆幅决定焊缝的宽度，摆幅越大，焊缝越宽。应根据焊条的直径和焊缝宽度的要求控制摆幅。焊接过程中要保持摆幅

一致，才能获得宽度均匀、边缘整齐的焊缝。正常焊缝的宽度不超过焊条直径的 2～5 倍。

焊条的摆动主要靠的是手腕的摆动，而且焊条摆动的线速度不一定是均匀的。在打底焊时，为了保证背面成形，防止焊漏或烧穿，电弧横过间隙时的速度较快，在两侧坡口处焊条应稍作停留 0.5s 左右，以保证边缘熔合，防止咬边。焊薄板或窄焊道时，可以不摆动。

（2）运条方法。

为获得较宽的焊缝，焊接过程中焊条在送进和移动过程中，还要做必要的摆动。运条要根据接头形式、装配间隙、焊缝的位置、焊缝宽度的要求、焊条直径与性能、焊接电流的大小及焊工技术水平来合理选用。

运条方法很多，常用运条方法及适用范围见表 3-32。

表 3-32　常用的运条方法及适用范围

运条方法		图示	适用范围
直线形		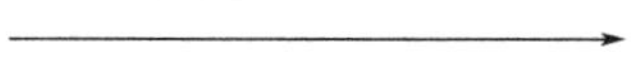	1. 厚度 3～5mm 的 I 形坡口平焊 2. 多层焊打底 3. 多层焊、多道焊
直线往返形		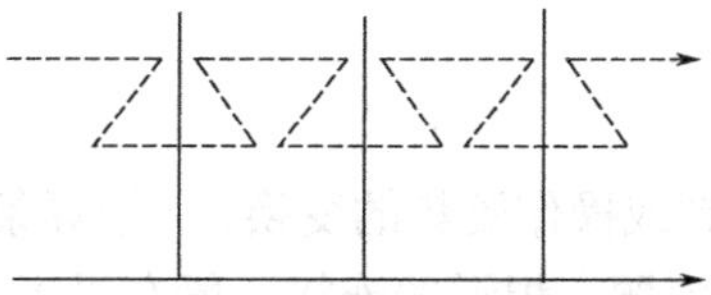	1. 焊薄板 2. 间隙大的对接平焊或打底焊道
锯齿形		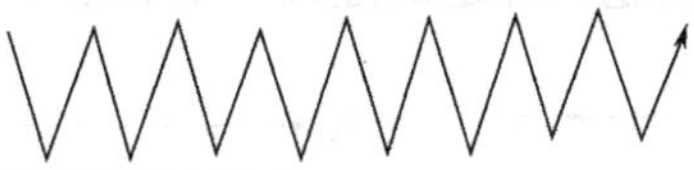	1. 对接接头的平焊、立焊等 2. 角接接头立焊
月牙形		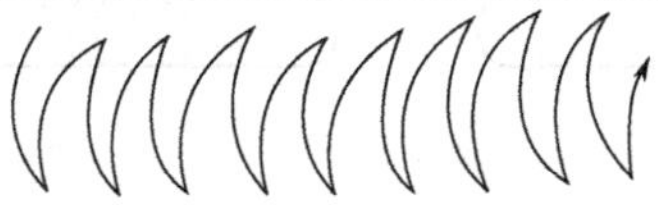	
三角形	斜三角形	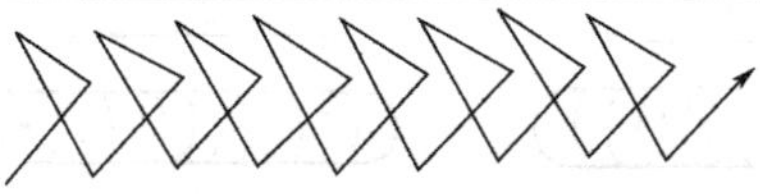	1. 角接接头仰焊 2. 对接接头开 V 形坡口横焊
	正三角形	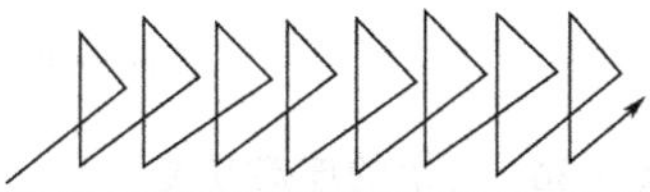	1. 角接接头平焊、仰焊 2. 对接接头横焊
圆圈形	斜圆圈形	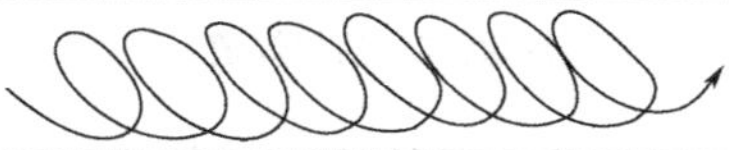	1. 角接接头立焊 2. 对接接头平焊
	正圆圈形	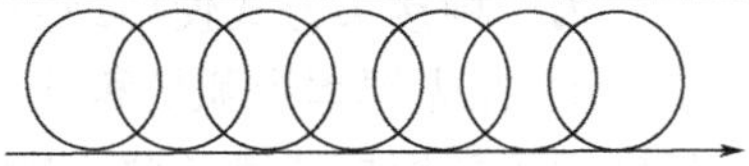	对接接头厚板平焊
八字形		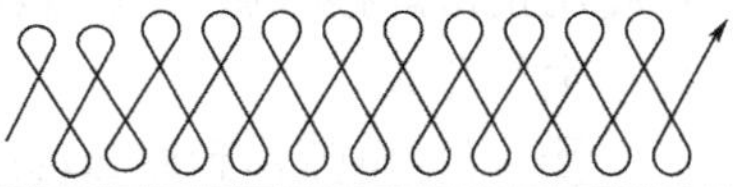	

3. 焊缝的起头

起头是指刚开始焊接的阶段，在一般情况下这部分焊道略高些，质量也难以保证。因为焊件未焊之前温度较低，而引弧后又不能迅速使焊件温度升高，所以起点部分的熔深较浅；对焊条来说在引弧后的 2s 内，由于焊条药皮未形成大量保护气体，最先熔化的熔滴几乎是在无保护气体的情况下过渡到熔池中去的，这种保护不好的熔滴中有不少气体。如果这些熔滴在施焊中得不到二次熔化，其内部气体就会残留在焊道中形成气孔。因此焊道起头时可以在引弧后稍微拉长电弧，从距离始焊点 10mm 左右处回到始焊点，如图 3-34 所示，再逐渐压低电弧，焊条做微微的摆动，达到所需的焊道宽度，然后正常焊接。

另外，为了减少气孔，操作中可采用跳弧焊，即电弧有规律地瞬间离开熔池，把熔滴甩掉，但焊接电弧并未中断。另一种间接方法是采用引弧板，即在焊前装配一块金属板，从这块板上开始引弧，焊后割掉，如图 3-35 所示。采用引弧板，不但保证起头处的焊缝质量，也能使焊接接头始端获得正常尺寸的焊缝，常在焊接重要结构时应用。

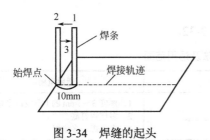

图 3-34　焊缝的起头

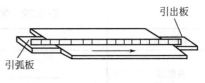

图 3-35　引弧板和引出板

4. 焊缝的连接

在操作时，由于焊条长度的限制或操作姿势的变换，一根焊条往往不可能完成一条焊道。因此，出现了焊道前后两段的连接问题。焊道的连接一般有以下几种方式，如图 3-36 所示。

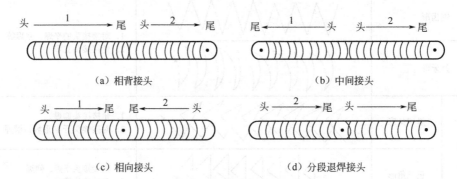

图 3-36　焊道的连接方式

1—先焊焊道；2—后焊焊道

第一种接头方式使用最多，接头的方法有两种。

① 在先焊焊道弧坑稍前处（约 10mm）引弧。电弧长度比正常焊接略微长些（碱性焊条电弧不可加长，否则易产生气孔）。

② 再将电弧移到原弧坑的 2/3 处，填满弧坑后，即向前进入正常焊接，如图 3-37 所示。如果电弧后移太多，则可能造成接头过高；后移太少，将造成接头脱节，产生弧坑未填满的缺陷。

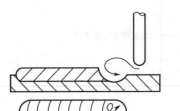

图 3-37　从先焊焊道末尾处接头的方法

焊接接头时，更换焊条的动作越快越好，因为在熔池尚未冷却时进行接头，不仅能保证质量，而且焊道外表面成形美观。

第二种接头方式要求先焊焊道的起头处要略低些。

① 在先焊焊道的起头略前处引弧，并稍微拉长电弧。

② 将电弧引向先焊焊道的起头处，并覆盖它的端头。

③ 待起头处焊道焊平后，再向先焊焊道相反的方向移动，如图3-38所示。

第三种接头方式是后焊道从接口的另一端引弧，焊到前焊道的结尾处，为填满焊道的弧坑，焊接速度要慢些，然后再以较快的焊接速度再向前焊一小段后熄弧，如图3-39所示。

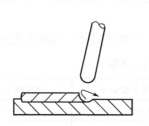

图3-38 从先焊焊道端头处接头的方法

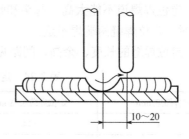

图3-39 焊道接头处熄弧

第四种接头方式是后焊的焊道结尾与先焊的焊道起头相连接。主要是利用结尾时的高温重复熔化先焊焊道的起头处，将焊道焊平后快速收弧。

5. 焊缝的收尾

焊缝的收尾是指一条焊缝结束时采用的收弧方法。收尾动作不仅是熄弧，还要填满弧坑。如果收尾时即拉断电弧，会形成低于焊件表面的弧坑，另外，过深的弧坑使焊道收尾处强度减弱，并容易造成应力集中而产生弧坑裂纹。

一般收尾动作有画圈法、反复断弧法、回焊法，见表3-33。

表3-33 焊缝收尾的方法

收尾的方法	图示	操作说明	适用场合
画圈法		焊条移至焊道终点时，做圆圈运动，直到填满弧坑再拉断电弧	适用于厚板焊接，对于薄板则有烧穿的危险
反复断弧法		焊条移至焊道终点时，在弧坑上需做数次反复熄弧——引弧，直到填满弧坑为止	适用于薄板焊接
回焊法		焊条移至焊道收尾处即停止，但不熄弧，此时适当改变焊条角度。焊条位置由1转到2，待填满弧坑后再转到3，然后慢慢拉断电弧	适用于碱性焊条焊接

6. 定位焊

焊前为了固定焊件的相对位置进行的焊接操作称为定位焊，俗称点固焊。定位焊形成的短小的断续焊缝叫作定位焊,也叫作点固焊缝。定位焊缝一般比较短小,焊接过程中都不去掉,作为正式焊缝的一部分保留下来,因此,定位焊缝的质量好坏,位置、长度和高度是否合适,会直接影响正式焊缝的质量及焊件的变形。

焊接定位焊缝时应注意以下内容。

① 必须按照焊接工艺规定的要求焊接定位焊缝。

② 定位焊焊道不能太高,起头和收尾应圆滑,不能太陡,必须保证熔合良好,防止焊缝接头时,定位焊缝两端焊不透。

③ 定位焊缝的长度、余高、间距见表 3-34,要保证足够的强度,以减少变形。

表 3-34 定位焊缝的长度、余高、间距

焊件厚度/mm	定位焊缝余高/mm	定位焊缝长度/mm	定位焊缝间距/mm
≤4	<4	5～10	50～100
4～12	3～6	10～20	100～200
>12	>6	15～30	200～300

④ 定位焊缝不能焊在焊缝方向发生急剧变化的地方,也不能焊在焊缝交叉处,通常至少应距离这些位置 50mm 以上。

⑤ 应尽量避免强迫装配,以防止焊接过程中定位焊缝产生裂开现象,必要时可增加定位焊缝的长度,并减小定位焊缝间距。

⑥ 定位后必须尽快焊接,避免中途停顿或存放时间过长,使焊接区受环境污染,产生焊接缺陷。

⑦ 定位焊使用的焊接电流可比正常焊接电流大 10%～15%。

二、各种位置焊接

图 3-40 平焊操作姿势

根据空间位置的不同,焊条电弧焊有平焊、仰焊、立焊、横焊和管子对接焊五种。

1. 平焊

平焊是在水平面内进行的焊接,平焊操作姿势如图 3-40 所示。因其位置处于水平位置,熔池下通常有未熔化的母材支撑,熔滴靠自身质量和电弧吹力作用很容易过渡到熔池中,焊缝成形很容易。

(1) 对接接头平焊。

对接接头平焊焊接参数见表 3-35。

表 3-35 对接接头平焊焊接参数

焊缝横断面形式	焊件厚度或焊脚尺寸/mm	第一层焊缝		其他各层焊缝		封底焊缝	
		焊条直径/mm	焊接电流/A	焊条直径/mm	焊接电流/A	焊条直径/mm	焊接电流/A
	2	2	50～60	—	—	2	55～60
	2.5～3.5	3.2	80～110	—	—	3.2	85～120
	4～5	3.2	90～130	—	—	3.2	100～130
		4	160～200	—	—	4	160～
		5	200～260	—	—	5	10

焊缝横断面形式	焊件厚度或焊脚尺寸/mm	第一层焊缝		其他各层焊缝		封底焊缝	
		焊条直径/mm	焊接电流/A	焊条直径/mm	焊接电流/A	焊条直径/mm	焊接电流/A
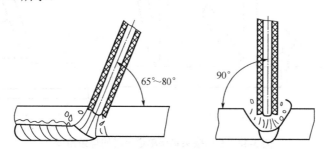	5～6	4	160～200	—	—	3.2	220～260
				—	—	4	100～130
	>6	4	160～200	4	160～210	4	180～210
				5	220～280	5	220～260
	≥1π	4	160～200	4	160～210	—	—
				5	220～280	—	—

说明：1. 第一层焊缝为打底焊缝或正面焊缝；2. 封底焊缝为双面焊的背面焊缝。

表中第一层焊缝是正面焊缝，打底焊缝是将板翻过来，将背面翻到水平位置焊接的焊缝。如果焊缝质量要求高时，焊前必须用角向磨光机或碳弧气刨进行清根处理。

对接接头平焊时的焊条行走角度为 65°～80°，工作角为 90°。焊接时，应使电弧的热量均匀地分布在坡口两侧，焊条后倾使电弧指向熔池，可获得较大熔深，并可通过后倾角的大小来调节熔池的深度。如果要求焊缝较宽，则焊条应做横向摆动，摆幅根据要求的焊缝宽度来决定，如图 3-41 所示。

图 3-41　对接接头平焊时的焊条摆幅

焊件厚度小于 6mm 时，一般可采用 I 形坡口进行对接平焊。I 形坡口对接平焊应采用双面焊接。焊接正面焊缝时，采用短弧焊接，使熔深达到焊件厚度的 2/3，焊缝宽度 5～8mm，余高应小于 1.5mm。焊接反面焊缝时，对于一般构件，不必清根，但一定要将正面焊缝背部的熔油清除干净，然后再焊接。焊接时，焊接电流可稍大些，以保证根部焊透。

当板厚大于 6mm 时，为了保证焊件焊透，必须开 V 形坡口或 X 形坡口进行对接平焊。多层焊时，焊接第一层应选直径较小的焊条，使电弧能深入到坡口的根部，运条方法应根据焊条直径与坡口间隙决定。焊接填充层时，可改用直径较粗的焊条和较大电流，保证坡口两侧熔合良好，每层焊道表面平整，两侧稍下凹。焊接最后一层填充层时要特别注意不能熔化表面的棱边，并保持焊缝的高度，最好比钢板表面低 1mm 左右。盖面焊接时，所用的电流可比焊接填充层稍小些，焊接时使熔池边缘超过坡口棱边 1.5mm，保持摆幅和焊速均匀、不咬边、成形美观。

（2）T 形接头平焊。

T 形接头平焊时，容易产生立板咬边、焊缝下塌（焊脚不对称）、夹渣等缺陷，焊接时除正确选择焊接参数外，必须根据板厚调整焊条角度及电弧与立板间的水平距离，电弧应偏向厚板，使两板温度均匀，避免立板过热。

I 形坡口 T 形接头平焊时的参数见表 3-36。

表 3-36　I 形坡口 T 形接头平焊时的参数

焊脚尺寸/mm	层数或道数	焊条直径/mm	焊接电流/A
2		2～3.2	60～20
3～4	1	3.2～4	90～80
6			
8		4～5	150～200
10～12	12		
14	2～3		
16	3～4	5	200～300
18	4～5		
20	5～6		

① 单层焊。当焊脚尺寸小于 8mm 时，采用单层单道焊，T 形接头单层单道焊时的焊条角度如图 3-42 所示。焊接时行走角度太小，则熔深过浅；行走角度过大，熔渣流到弧坑前面引起夹渣。

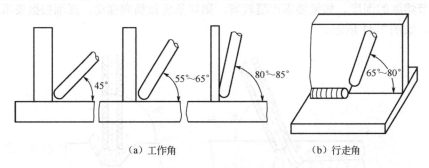

（a）工作角　　　　　　　　　（b）行走角

图 3-42　T 形接头单层单道焊时的焊条角度

当焊脚尺寸为 6～10mm 时，可采用斜圆圈形或反锯齿形运条法进行焊接，如图 3-43 所示。焊接时要注意焊条下拖时的速度要慢，使熔池金属吹至斜后方，不易产生板咬边和夹渣，上行要快，防止熔池金属下淌，使焊脚不对称，焊条在上、下两侧稍停留，保证熔合好。

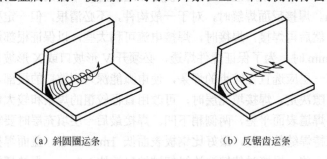

（a）斜圆圈运条　　　　　（b）反锯齿运条

图 3-43　T 形接头平焊运条法

② 多层焊。当焊脚尺寸为 8～10mm 时，采用两层两道焊法。焊条角度与单层焊相同。第一层用小直径焊条，电流稍大，直线运条，焊条套筒可直接压在焊脚上，收尾时把弧坑填满。第二层用大直径焊条，电流不能过大，否则立板易咬边，采用斜圆圈或反锯齿形运条焊接。此时要注意在焊第二层前必须将第一层焊道的焊渣清除干净，以防夹渣。

③ 多层多道焊。在多层多道焊中，焊脚越大，焊接层数和道数也就越多，但焊接不同焊道的行走角均为 65°～80°，工作角在 40°～55° 之间变化，电弧应始终对准焊道与板或两条焊道的交界处，后一条焊道应压在前一条焊道的 2/3，焊条的摆动和前进速度要均匀，使每层焊道的表面平整，焊接熔合良好。

如果焊脚尺寸大于 12mm 时，可采用三层六道、四层十道等焊道焊接来完成，如图 3-44 所示。这样的平角焊缝只适用于承受较小静载荷的焊件。对于承受重载荷或动载荷的较厚钢板平角焊应开坡口，见表 3-37。

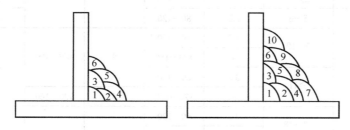

图 3-44 多层多道焊的焊道排列

表 3-37 大厚度焊件平焊时的坡口

坡口形式	图示	说　明
单边 V 形坡口		在垂直焊件一边开坡口，适用于 15～40mm 厚度的焊件
K 形坡口		在垂直焊件两边开坡口，适用于 40～800mm 厚度的焊件

2. 立焊

焊缝垂直于地面的焊接为立焊，其操作姿势如图 3-45 所示。由于在重力作用下，焊条熔化时形成的熔滴及熔池中的液态金属下淌，使焊缝成形困难，为此，立焊应采用短弧焊接法，焊条直径与焊接电流的选用应小于平焊。

图 3-45 立焊操作姿势

（1）对接立焊。

对接立焊参数见表3-38。

表3-38　对接立焊参数

焊缝横断面形式	焊件厚度或焊脚尺寸/mm	第一层焊缝		其他各层焊缝		封底焊缝	
		焊条直径/mm	焊接电流/A	焊条直径/mm	焊接电流/A	焊条直径/mm	焊接电流/A
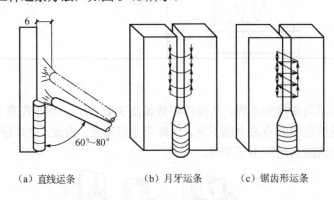	2	2	45～55	—	—	2	50～55
	2.5～4	3.2	75～100			3.2	80～110
	5～6	3.2	80～120			3.2	90～120
	7～10	3.2	90～120	4	120～160	3.2	90～120
		4	120～160				
	≥11	3.2	60～120				
		4	120～160	5	120～160		
	12～18	3.2	60～120	4	160～200	—	—
		4	120～160				
	≥19	3.2	60～120				
		4	120～160	5			

（2）Ⅰ形坡口对接立焊。

Ⅰ形坡口对接立焊常用于薄板的焊接，为防止烧穿、咬边、金属熔滴下坠或流失等，通常焊接时采用跳弧焊或断弧焊。

① 跳弧焊。跳弧焊的操作要点是引燃电弧后，先维持短弧，待熔滴过渡到熔池后，迅速拉长电弧，使熔池冷却。通过护目玻璃可观察到熔池金属的凝固过程，由整体亮白色迅速缩小到熔池中部仍为亮白色时，再将电弧压向熔池。待熔滴过渡到熔池后，再拉长电弧，如此循环，不断向上焊接。

跳弧焊法有三种运条方法，如图3-46所示。

（a）直线运条　　　　（b）月牙运条　　　（c）锯齿形运条

图3-46　跳弧焊的运条方法

② 断弧焊。断弧焊的操作与跳弧焊法相似，不同的是熔滴过渡到熔池后，应立即拉断电弧，让熔池冷却得更快。刚开始焊接时，由于工件温度较低，断弧时间应稍短些，随着工件温度的升高，为避免收弧时熔池变宽或产生焊瘤及烧穿等缺陷，断弧时间须不断加长。

（3）U形与V形坡口的对接立焊。

U形与V形坡口的对接立焊通常采用多层焊或多层多道焊。焊缝由打底层、填充层、盖面层组成，一般采用小直径焊条，小电流施焊。U 形与 V 形坡口的对接立焊参数见表 3-39。

表 3-39　U 形与 V 形坡口的对接立焊参数

焊接层次	焊条直径/ mm	焊接电流/A
打底层		70～80
填充层	3.2	110～130
盖面层		110～120

打底层焊视坡口状况及装配质量采用连弧焊法或断弧焊法。若坡口面平直，坡口角、钝边及装配间隙均匀，则采用连弧焊法打底；否则采用断弧焊法打底。焊接打底时，要控制好熔孔大小和熔池的形状，以获得良好的背面成形和优质的焊缝。熔孔要比间隙稍大些，每侧宽 0.8～1.0mm 为宜，如图 3-47 所示。

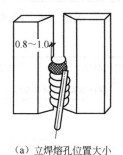
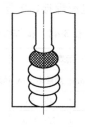

（a）立焊熔孔位置大小　　　（b）温度适合呈椭圆形　　　（c）温度过高边缘下凸

图 3-47　立焊熔孔和熔池形状

填充层焊接施焊前应先将打底层的熔渣和飞溅清理干净，焊缝接头凸起部分及焊道上的焊瘤打磨平整。施焊时，焊条的工作角为 90°，行走角前倾 60°～80°，以防止熔化金属受重力作用下淌。仍采用锯齿形运条，摆幅稍宽，焊条从坡口一侧摆至另一侧时速度稍快些，在两侧稍停留，电弧尽量要短，以保证熔合良好，防止夹渣和焊缝下凸。每焊完一层填充焊缝准备焊下一层焊缝时，都必须清渣，并修整焊缝表面。

盖面层焊焊条角度和施焊的操作与填充焊相同。关键是要保证焊道的表面尺寸和成形，防止咬边和接头不良等缺陷的产生。焊接时要控制好摆幅，使熔池侧面超过棱边 1.0～2.0mm 较好。接头时要特别注意，防止缺肉或局部增高，摆幅和焊速要均匀，才能使焊缝美观。

（4）T 形接头立焊。

因 T 形接头散热快，为保证焊件熔合良好，并防止焊缝根部未熔合，焊接电流可比相同厚度的平板对接稍大些。T 形接头立焊参数见表 3-40。

表 3-40　T 形接头立焊参数

工艺参数	焊道位置		
	第一层焊缝	其他各层焊缝	封底焊缝
焊条直径/mm	3.2	4.0	4.0	3.2
焊接电流/A	90～120	120～160	120～160	90～120

T 形接头立焊的焊条角度如图 3-48 所示，其运条方法可根据板厚和焊脚大小的要求来选择：当要求焊脚较大时，采用三角形运条，盖面层焊接时采用大摆幅月牙形或锯齿形运条；当焊脚很小时，可采用直线运条或小摆幅月牙形或锯齿形运条。

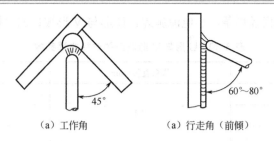

<table>
<tr><td></td><td>（a）工作角</td><td>（a）行走角（前倾）</td></tr>
</table>

图 3-48　T 形接头立焊的焊条角度

3. 横焊

横焊就是焊缝朝向一个侧面的焊接。在横焊时，熔化金属在自重作用下容易下淌，在焊缝上侧容易产生咬边，下侧容易产生下坠或焊瘤等缺陷，焊缝表面会呈现出不对称的现象，因此，横焊时要选用小直径焊条、小电流焊接、多层多道焊、短弧操作。横焊参数见表 3-41。

表 3-41　横焊参数

焊缝横断面形式	焊件厚度或焊脚尺寸/mm	第一层焊缝		其他各层焊缝		封底焊缝	
		焊条直径/mm	焊接电流/A	焊条直径/mm	焊接电流/A	焊条直径/mm	焊接电流/A
	2	2	45～55	—	—	2	50～55
	2.5	3.2	75～110			3.2	80～110
	3～4	3.2	80～120			3.2	90～120
		4	120～160			4	120～60
	5～8	3.2	80～120	3.2	90～120	3.2	90～120
				4	120～160	4	120～160
	≥9	3.2	90～120	4	140～160	3.2	90～20
		4	110～140			4	120～160
	14～18	3.2	90～120	4	140～160	—	—
	≥19	4	140～160				

（1）不开坡口的横焊操作。

当焊件厚度小于 5mm 时，一般不开坡口，可采取双面焊接。操作时左手或左臂可以有依托，右手或右臂的动作与平对接焊操作相似。焊接时采用直径 3.2mm 的焊条，并向下倾斜与水平面成 15° 左右夹角，使电弧吹力托住熔化金属，防止下淌；同时焊条向焊接方向倾斜，与焊缝成 70° 左右夹角。选择焊接电流时可比平对接焊小 10%～15%，否则会使熔化温度增高，金属处在液体状态时间长，容易下淌而形成焊瘤。

当焊件较薄时，可做直线往复形运条，这样可借焊条向前移的机会，使熔池得到冷却，防止烧穿和下淌。当焊件较厚时，可采用短弧直线形或斜圆圈形运条。斜圆圈的斜度与焊缝中心约成 45° 角，如图 3-49 所示，以得到合适的熔深。但运条速度应稍快些，且要均匀，避免焊条熔滴金属过多地集中在某一点上，而形成焊瘤和咬边。

（2）开坡口的横焊操作。

当焊件较厚时，一般可开 V 形、U 形、单 V 形或 K 形坡口。横焊时的坡口特点是下面焊件不开坡口或坡口角度小于上面的焊件，如图 3-50 所示。这样有助于避免熔池金属下淌，有利于焊缝成形。

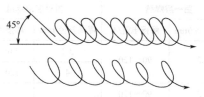

图 3-49　不开坡口横焊的斜圆圈运条法

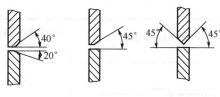

（a）V形坡口　　（b）单边坡口　　（c）K形坡口

图 3-50　横焊接头的坡口形式

对于开坡口的焊件，可采用多层焊或多层多道焊，其焊道排列顺序如图 3-51 所示。焊接第一焊道时，应选用直径 3.2mm 的焊条，运条方法可根据接头的间隙大小来选择。间隙较大时，宜用直线往复形运条；间隙小，可采用直线形运条。焊接第二焊道用直径 3.2mm 或 4mm 的焊条，采用斜圆圈形运条。

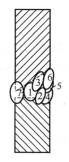

（a）多层焊　　　　　　　（b）多层多道焊

图 3-51　开坡口横焊焊道的排列顺序

在施焊过程中，应保持较短的电弧和均匀的焊接速度。为了更好地防止焊缝出现咬边和下边产生熔池金属下淌现象，每个斜圆圈形与焊缝中心的斜度不得大于 45°。当焊条末端运动到斜圆圈上面时，电弧应更短，并稍停片刻，使较多的熔化金属过渡到焊道中去，然后缓慢地将电弧引到焊道下边。为避免各种缺陷，使焊缝成形良好，电弧应往复循环。

背面封底焊时，首先进行清根，然后用直径 3.2mm 的焊条，较大的焊接电流，直线形运条进行焊接。

4. 仰焊

仰焊是焊条位于焊件下方，焊工仰视焊件进行焊接操作的一种焊接位置，如图 3-52 所示。

（1）对接仰焊。

对接仰焊的参数见表 3-42。

图 3-52　仰焊操作姿势

表 3-42　对接仰焊的参数

焊缝横断面形式	焊件厚度或焊脚尺寸/mm	第一层焊缝		其他各层焊缝	
		焊条直径/mm	焊接电流/A	焊条直径/mm	焊接电流/A
	2	2	45～55		
	2.5	3.2	80～110	—	—
	3～45	3.2	85～110		
		4	120～140		

续表

焊缝横断面形式	焊件厚度或焊脚尺寸/mm	第一层焊缝		其他各层焊缝	
		焊条直径/mm	焊接电流/A	焊条直径/mm	焊接电流/A
	5~8	3.2	90~120	3.2	90~120
				4	120~160
	≥9	3.2	90~120	4	140~160
		4	140~160		

（2）I 形坡口对接仰焊。

当焊件厚度小于 5mm 时，采用 I 形坡口对接仰焊，对接仰焊的焊条角度如图 3-53 所示。

当工件较薄，间隙较小时，采用直线运条法；若间隙较大，可采用直线往返运条法或断弧焊法。

（3）V 形坡口对接仰焊。

当焊件厚度大于 5mm，采用 V 形坡口对接仰焊。常用多层焊或多层多道焊。焊条角度与 I 形坡口相同。对接仰焊的运条方法如图 3-54 所示。

图 3-53　对接仰焊的焊条角度　　　　图 3-54　对接仰焊的运条方法

（4）T 形接头仰焊。

当焊脚尺寸小于 6mm 时，适宜采用单层焊，T 形接头单层焊仰焊焊条角度如图 3-55 所示。施焊时，引燃电弧以后，将焊条套筒压在交角处，拖着走就可以了。

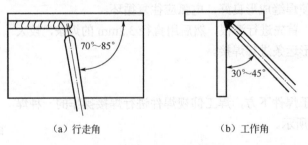

图 3-55　T 形接头单层焊仰焊焊条角度

当焊脚尺寸在 6~10mm 之间时，可采用二层二道焊法，第一层采用直线运条法，焊接电流略大些，速度适当，防止焊缝下凸，以保证第二道容易焊接。焊第二层时焊条采用圆圈或锯齿形摆动。焊条的角度与单层焊一样，注意必须采用短弧焊，防止咬边或熔化金属下流。

当焊脚尺寸大于 10mm 时，需采用多层多道焊法。多层多道焊时，焊道排列的顺序与横焊相似，如图 3-56 所示。在按照要求焊完第一层焊道和第二层焊道之后，其他各层焊道用直线形运条，但焊条角度应根据各焊道的位置做相应的调整，如图 3-57 所示，以利于熔滴的过渡和获得较好的焊道成形。

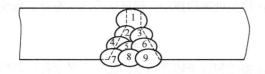

图 3-56 仰焊焊道的排列

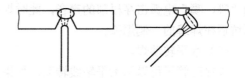

图 3-57 焊条角度位置的调整

5. 管子对接焊

（1）水平固定焊。

因为管子的焊缝是环形的，在焊接过程中需采用平、立、横等几种位置，因此焊条角度变化很大（如图 3-58 所示），操作较困难。

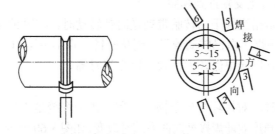

图 3-58 水平固定焊

焊接过程中，因管子受热收缩不均匀，大直径管子的装配间隙上部要比下部大 1～2mm。坡口间隙的选择与焊条的种类有关，若使用酸性焊条时，对接口上部间隙约等于焊条的直径；若使用碱性焊条，对接口的间隙一般为 1.5～2.5mm。这样可保证底层焊缝的双面成形良好。焊接时坡口间隙要按上述要求合理选择，否则间隙过大，焊接容易烧穿可产生焊瘤；若间隙过小又会造成焊不透。

水平固定焊时，由于管子处于吊空位置。一般先从底部仰焊位置开始起焊，至平焊位置终止。焊接时可分两半部分进行，先焊的一半称为前半部分，后焊的称为后半部分。两半部分的焊接都要按仰、立、平的顺序进行。底层用 3.2mm 的焊条，先在前半部分仰焊处的坡口边上，用直击法引弧，引弧后将电弧移至坡口间隙中，用长弧烤热起弧处，约经 2～3s，使坡口两侧接近熔化状态，然后迅速压低电弧，待坡口内形成熔池，抬起焊条，熔池温度下降，熔池变小，再压低电弧向上顶，形成第二个熔池，如此反复移动焊条。如果焊接时发现熔池金属有流淌趋势，应采取灭弧操作，等熔池稍变暗时，再重新引弧，引弧位置要在前熔池稍前一点。

后半部分的焊接与前半部分基本相同，但要完成两半部分相连处的接头。为了利于接头，前半部分焊接时，仰焊起头处和平焊的收尾处，都要超过管子中心线 5～15mm。在仰焊接头时，要把起头处的焊缝磨掉 10mm，使之形成慢坡。接头处焊接时，先用长弧加热接头处，运条到接头的中心时，迅速拉平焊条，压住熔化金属，此时切记不能熄弧，将焊条向上顶一下，以击穿未熔化的根部，让接头完全熔合。当焊条焊至斜立焊位置时，要采用顶弧焊，即将焊条向前倾并稍作横向摆动，如图 3-59 所示。

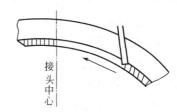

图 3-59 平焊部位接头时顶弧焊法

当焊到距接头处 3～5mm 处快要封口时，切不可灭弧。这时，把焊条向里压一下，可听到"噗、噗"电弧击穿根部的声音，此时焊条在接头处来回摆动，保证接头熔化充分。填满弧坑后在焊缝的一侧熄弧。

（2）水平转动焊。

焊接时管子可以沿水平轴线转动，如果焊接参数和管子转速适当，比较容易掌握。因焊接时管子可以转动，既可连续施焊，效率较高，又可获得成形好的焊缝。也可由焊工自己转动管子，焊一段转一段，但这种效果相对较差。

管子水平转动焊时可以在立焊和平焊两种位置施焊。

管子立焊位置施焊是指当管子由转胎带动顺时针转动时，可以在时钟 3 点至时钟 1 点半的任意位置施焊。因这个位置容易保证焊缝背面成形，不论间隙大小，均可获得较好的焊缝。如果焊工自己转动管子，则从时钟 3 点处逆时针方向焊至时钟 1 点半处，再将管子顺时针旋转 45°，然后继续焊，如此反复直到焊完。

管子平焊位置施焊是指当管子由转胎带动逆时针转动时，在时钟 1 点半至 10 点半处接近平焊位置处施焊。如果焊工自己转动管子，则从时钟 1 点半焊至 10 点半，再转动管子，如此反复直至焊完。平焊时焊接电流较大，效率比立焊时高。

（3）垂直固定焊。

管子处于垂直位置时，对接环缝处于横焊位置。由于焊缝是水平面内的一个圆，相比板对接横焊难操作，焊条的角度要随焊接处的曲率随时改变，如图 3-60 所示，行走角为 70°～80°。

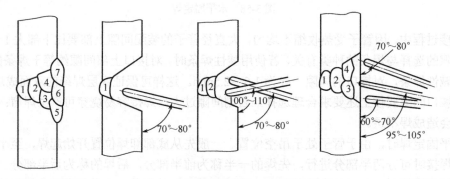

图 3-60　管子垂直固定焊时工作角度的变化

焊接过程中需换焊条时，动作要迅速，在焊缝未完全冷却时，再次引燃电弧，这样容易接头。一圈焊完回到始焊处时，听到有击穿声时，焊条要略加摆动，填满弧坑后再熄弧。

打底焊时最好使熔孔和熔池呈椭圆形，上沿的熔孔滞后下沿熔孔 0.5～1.0 个宽度。焊接电流小时可用连弧焊，焊接电流较大时用跳弧焊或断弧焊。打底焊的位置，应在坡口中心稍偏下一点。焊道上部不要有尖角，下部不能有黏合现象。中间层可采用斜锯齿形运条，可以减小缺陷，生产效率较高，焊波均匀，但有一定的操作难度。若采用多道焊法时，可增大直线运条的电流，充分熔化焊道，焊接速度不应太快，让焊道自上而下整齐排列。焊条的垂直倾角随焊道而变化，下部倾角要大，上部倾角要小些。

盖面层焊道由下往上焊，两端焊速快，中间焊速慢。焊最后一道焊缝时，为防止咬边缺陷的产生，焊条倾角要小。

薄壁垂直固定焊最好采用小直径的焊条，小电流焊两层，第一层打底焊，保证焊根熔合，焊缝背面成形；第二层盖面焊，关键是保证焊缝外观尺寸。如果采用单层焊，则焊接时既要保证焊缝背面成形，又要保证焊缝正面成形。

（4）倾斜固定焊。

倾斜固定焊是管子位置介于水平固定焊和垂直固定焊之间位置的焊接操作，如图 3-61 所示。

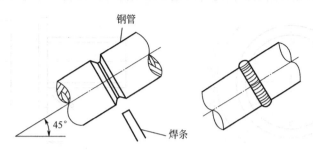

图 3-61　倾斜固定焊操作

打底焊时，选择直径为 3.2mm 焊条，电流在 100～120A 之间，与水平固定焊一样分两部分进行。前半部分从仰焊位置起弧，然后用长弧对准坡口两侧进行预热，待管壁明显升温后，压低电弧，击穿钝边，然后用跳弧法向前进行焊接。如温度过高，熔化金属可能会下淌，这时可采用灭弧法来控制熔池温度，如此反复焊完前半部分。后半部分焊接的接头和收尾法与水平固定焊的操作方法相同。

焊接盖面层时，有一些独特之处。首先是起头，中间层焊完之后，焊道较宽，引弧后在管子最低处按图 3-62（a）中 1、2、3、4 的顺序焊接，焊层要薄，并能平滑过渡，使后半部的起头从 5、6 一带而过，形成良好的"人"字形接头。其次是运条，管子倾斜度不论大小，工艺上一律要求焊波成水平或接近水平方向，否则成形不好。因此焊条总是保持在垂直位置，并在水平线上左右摆动，以获得较平整的盖面层，如图 3-62（b）所示。摆动到两侧时，要停留足够时间，使熔化金属覆盖量增加，以防止出现咬边。收尾在管子焊缝上部，要求焊波的中间略高些，所以须按如图 3-62（c）中 1、2、3、4 的顺序进行收尾，以保证焊道美观，防止发生咬边。

（a）起头　　　　　　　（b）运条　　　　　　　（c）收尾

图 3-62　倾斜固定焊的运条方法

（5）管板焊。

管板焊接头形式实际上是 T 形接头的特例。焊接要领与板式 T 形接头相似，不同的是管板接头的焊缝在管子圆周根部，焊接时须不断地转动可臂和手腕，才能保证正确的焊条角度和电弧对中点，防止咬边和焊脚不对称。

① 打底层焊接。采用直径 3.2mm 的焊条，焊接电流 95～105A，要求充分熔透根部，以保证底层焊接质量。操作时可分为右侧与左侧两部分焊接，如图 3-63 所示。在一般情况下，先焊右侧部分，因为以右手握焊钳时，右侧便于在仰焊位置观察与焊接。施焊前需将待焊处的污物清理干净，必要时还需用角向打磨机打磨。

a. 右侧焊。引弧由时钟 4 点处的管子与底板的夹角处向时钟 6 点以划擦法引弧。引弧后将其移到时钟 6 点到 7 点之间进行 1~2s 的预热，再将焊条向右下方倾斜，其角度如图 3-64 所示。然后压低电弧，将焊条端部轻轻顶在管子与底板的夹角上，进行快速施焊。施焊时，须使管子与底板达到充分熔合，同时焊层也要尽量薄些，以利于与左侧焊道搭接平整。

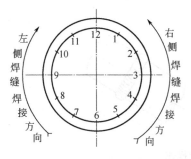

图 3-63　左侧焊与右侧焊

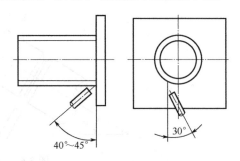

图 3-64　右侧焊时焊条倾斜角度

　　时钟 6~5 点位置的操作。为避免焊瘤产生，采用斜锯齿形运条。焊接时焊条端部摆动的倾斜角是逐渐变化的。在时钟 6 点位置时，焊条摆动的轨迹与水平线成 30°夹角；当焊至

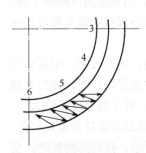

图 3-65　6~5 点位置运条

时钟 5 点时，夹角为 0°，如图 3-65 所示。运条时，向斜下方摆动要快，到底板面时要稍作停留；向斜上方摆动相对要慢，到管壁处再稍作停顿，使电弧在管壁一侧的停留时间比在底板一侧要长些，其目的是为了增加管壁一侧的焊脚高度。运条过程中始终采用短弧，以便在电弧吹力作用下，能托住下坠的熔池金属。

　　时钟 5~2 点位置的操作。为控制熔池温度和形状，使焊缝成形良好，应用间断熄弧或挑弧焊法施焊。间断熄弧焊的操作要领为：当熔敷金属将熔池填充得十分饱满，使熔池形状欲向下变长时，握焊钳的手腕迅速向上摆动，挑起焊条端部熄弧，待熔池中的液态金属将凝固时，焊条端部迅速靠近弧坑，引燃电弧；再将熔池填充得十分饱满。引弧、熄弧……如此不断进行。每熄弧一次的前进距离约为 1.5~2mm。

　　在进行间断熄弧焊时，如熔池产生下坠，可采用横向摆动，以增加电弧在熔池两侧的停留时间，使熔池横向面积增大，把熔敷金属均匀地分散在熔池上，使成形平整。为使熔渣能自由下淌，电弧可稍长些。

　　时钟 2~12 点位置的操作。为防止因熔池金属在管壁一侧的聚集而造成低焊脚或咬边，如图 3-66 所示。应将焊条端部偏向底板一侧，按图 3-67 所示方法，做短弧斜锯齿形运条，

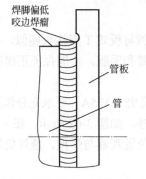

图 3-66　低焊脚与咬边的位置

图 3-67　2~12 点处的运条

并使电弧在底板侧停留时间长些。如采用间断熄弧焊时，在2～4次运条摆动之后，熄弧一次。当施焊至时钟 12 点位置时，以间断熄弧或跳弧法，填满弧坑后收弧。右侧焊缝的形状如图 3-68 所示。

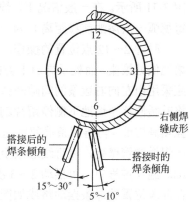

b. 左侧焊。施焊前，将右侧焊缝的始、末端熔渣除尽。如果 6～7 点处焊道过高或有焊瘤、飞溅时，必须进行整修或清除。

焊道始端的连接。由时钟 8 点处向右下方以划擦法引弧，将引燃的电弧移到右侧焊缝始端（即时钟 6 点）进行 1～2s 的预热，然后压低电弧，以快速小斜锯齿形运条，由时钟 6 点向 7 点方向进行焊接，但焊道不宜过厚。

焊道末端的连接。当左侧焊道于时钟 12 点处与右侧焊道相连接时，需以挑弧焊或间断熄弧焊施焊。当弧坑被填满后，方可挑起焊条熄弧。

左侧焊其他部位的操作，均与右侧焊相同。

图 3-68　右侧焊缝的形状

② 盖面层焊接。采用直径 3.2mm 的焊条，焊接电流为 100～120A。操作时也分右侧焊与左侧焊两个过程，一般是先右侧焊，后左侧焊。施焊前，需将打底焊道上的熔渣及飞溅全部清理干净。

a. 右侧焊。引弧由时钟 4 点处的打底焊道表面向时钟 6 点处以划擦法引弧。引燃电弧后，迅速将电弧（弧长保持在 5～10mm）移到时钟 6～7 点之间，进行 1～2s 预热，再将焊条向右下方倾斜，其角度如图 3-69 所示。然后将焊条端部轻轻顶在时钟 6～7 点之间的打底焊道上，以直线运条施焊，焊道要薄，以利于与左侧焊道连接平整。

时钟 6～5 点位置的操作。采用斜锯齿形运条，其操作方法、焊条角度同打底层操作。运条时向斜下方管壁侧的摆动要慢，以利于焊脚的增高；向斜上方移动要相对快些，以防止产生焊瘤。在摆动过程中，电弧在管壁侧停留时间比在管板侧要长一些，以利于较多的填充金属聚集于管壁侧，从而使焊脚得以增高。为保证焊脚高度达到 8mm，焊条摆动到管壁一侧时，焊条端部距底板表面应是 8～10mm，如图 3-70 所示。当焊条摆动到熔池中间时，应使其端部尽可能离熔池近一些，以利于短弧吹力托住下坠的液体金属，防止焊瘤的产生，并使焊道边缘熔合良好，成形平整。

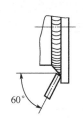
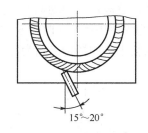
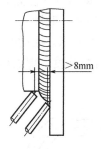

图 3-69　右侧盖面层焊接焊条角度　　　　　　图 3-70　右侧盖面层焊条摆动距离

时钟 5～2 点位置的操作。由于此处温度局部增高，在施焊过程中，电弧吹力不但起不到上托熔敷金属的作用，而且还容易促进熔敷金属的下坠。因此，只能采用间断熄弧法，即当熔敷金属将熔池填充得十分饱满并欲下坠时，挑起焊条熄弧。待熔池将凝固时，迅速在其前方 15mm 的焊道边缘处引弧（切不可直接在弧坑上引弧，以免因电弧的不稳定而使该处产生密集气孔），再将引燃的电弧移到底板侧的焊道边缘上停留片刻；当熔池金属覆盖在被电弧吹成的凹坑时，将电弧向下偏 5°的倾角并通过熔池向管壁侧移动，使其在管壁侧再停留片刻。当熔池金属将前弧坑覆盖 2/3 以上时，迅速将电弧移到熔池中间熄弧，间断熄弧法如图 3-71 所示。在一般情况下，熄弧时间为 1～2s，燃弧时间为 3～4s，相邻熔池重叠间距（即每熄弧一次熔池前移距离）为 1～1.5mm。

时钟 2～12 点位置的操作。该处类似平角焊接的位置。由于熔敷金属在重力作用下易向熔池低处聚集，而处于焊道上方的底板侧又易被电弧吹成凹坑，难以达到所要求的焊脚高度，应采用由左向右运条的间隙断弧法，即焊条端部在距原熔池 10mm 处的管壁侧引弧，然后，将其缓慢移至熔池下侧停留片刻，待形成新熔池后再通过熔池将电弧移到熔池斜上方，以短弧填满熔池，再将焊条端部迅速向左侧挑起熄弧。当焊至时钟 12 点处时，将焊条端部靠在打底焊道的管壁处，以直线运条至时钟 12 点与 11 点之间收弧，为左侧焊道的末端接头打好基础。施焊过程中，可摆动 2～3 次再熄弧一次，但焊条摆动时向斜上方要慢，向下方要稍快，在此段位置的焊条摆动路线如图 3-72 所示。在施焊过程中，更换焊条的速度要快。再燃弧后，焊条倾角需比正常焊接时多向下倾 10°～15°，并使第一次燃弧时间稍长一些，以免接头处产生凹坑。右侧盖面层焊道形状如图 3-73 所示。

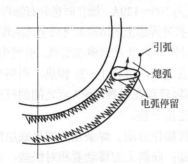

图 3-71　右侧焊盖面层间断熄弧法

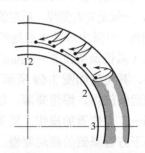

图 3-72　右侧焊盖面层间断熄弧时焊条摆动路线

b．左侧焊。施焊前，先将右侧焊道的始、末端熔渣除尽，如接头处有焊瘤或焊道过高，需加工平整。

焊道始端的连接。由时钟 8 点处的打底焊道表面，以划擦法引弧后，将引燃的电弧拉到右侧焊缝始端（即时钟 6 点处）进行 1～2s 预热，然后压低电弧。焊条倾角与焊接方向相反，如图 3-74（a）所示。时钟 6～7 点处以直线运条，逐渐加大摆动幅度，摆动时的焊条角度变化如图 3-74（b）所示。摆动的速度和幅度由右侧焊道搭接处（时钟 6～7 点之间的一小段焊道）所要求的焊脚高度、焊道厚度来确定，以获得平整的搭接接头为目的。

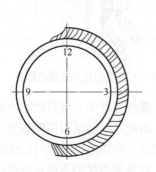

图 3-73　右侧盖面层焊道形状

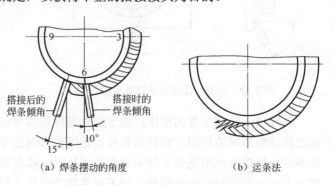

（a）焊条摆动的角度　　　（b）运条法

图 3-74　焊缝连接时焊条摆动和运条

焊道末端的连接。当施焊至时钟 12 点处时，做几次跳弧动作将熔池填满即可收弧。左侧焊的其他部位的焊接均与右侧焊相同。

三、焊条电弧焊的应用操作

1. 大型钢板的对接焊应用操作

大型钢板对接焊图样如图 3-75 所示。

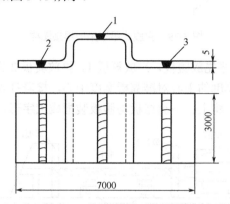

图 3-75　大型钢板对接焊图样

其焊接操作应用步骤与方法如下所述。

① 用砂纸或钢丝刷打光焊件的待焊处，直至露出金属光泽。

② 按焊接图样的工艺要求，在设备上将钢板弯曲成"Z"字形。

③ 每隔 100～200mm 进行装配定位焊，焊缝长度为 10～20mm，每处焊透。焊接顺序为 1→2→3。定位焊后，检查焊件接口处是否变形，如变形并已影响接口处齐平，则应在矫正机上进行校正。

④ 用 4mm 直径的焊条，采用分段逐步退焊法接焊缝 1，如图 3-76 所示。

⑤ 用 4mm 直径的焊条，采用跳焊法接焊缝 2，如图 3-77 所示。

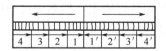

图 3-76　分段逐步退焊法接焊缝 1

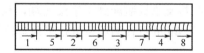

图 3-77　跳焊法接焊缝 2

⑥ 用 4mm 直径的焊条，采用交替焊法接焊缝 3，如图 3-78 所示。

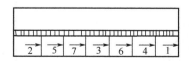

图 3-78　交替焊法接焊缝 3

2. 实腹式吊车梁的焊接应用操作

实腹式吊车梁的焊接图样如图 3-79 所示。

其焊接操作应用步骤与方法如下所述。

① 下料后对吊车梁两端的支承板经平整、刨光四周边至符合尺寸要求后再划线钻孔。

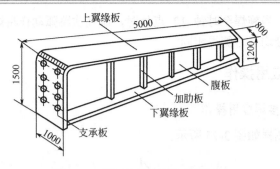

图 3-79　实腹式吊车梁的焊接图样

② 在专用夹具上按顺序先放腹板，次放翼板 1，再放翼板 2 进行装配，再调整好装配夹具上的支承螺栓，使腹板厚度的中心对准翼板宽度中心，接着打紧楔子或开动风顶，使翼板的中心与腹板的边缘压紧，将上、下翼缘板与腹板装配成工字形，如图 3-80 所示。

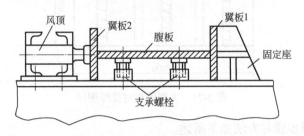

图 3-80　工字形梁的装配

③ 装配好后，在夹具上用直径 3.2mm 焊条，使用 130A 焊接电流，每隔 300~400mm 定位一处进行定位焊，每处定位长缝 20~30mm。

④ 从夹具上取下工字梁，放平后，采用直径 4mm 焊条，焊接电流 180~200A，按①、②、③、④四条长缝的顺序，采用分段逆向法进行焊接，如图 3-81 所示。

⑤ 焊条直径为 4mm，焊接电流为 180~200A，采用平角焊位置操作，将加肋板焊接到上、下翼缘板中。

⑥ 将支承板装配到工字梁两端，在保证垂直度之后定位焊固定，然后采用分段对称焊接法，用 4mm 直径的焊条进行平角焊位置的焊接，如图 3-82 所示。

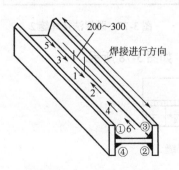

图 3-81　工字梁焊接示意

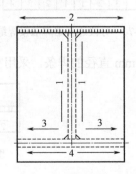

图 3-82　支承板的焊接顺序

3. 承压管道的焊接应用操作

承压管道的焊接图样如图 3-83 所示。

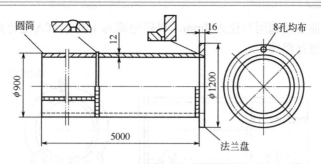

图 3-83　承压管道的焊接图样

其焊接操作应用步骤与方法如下所述。

① 用剪切或氧气切割方式准备两节圆筒板料筒，再用氧气切割方法准备法兰坯料，然后用刨边机或氧气切割方法加工出坡口，根据圆筒壁厚选用 V 形坡口，坡口角度为 60°。在车床上加工法兰，且内孔和外圆直径符合要求。在钻床上加工法兰上螺孔。

② 在卷板机上将两节圆筒板料卷成圆筒，如图 3-84 所示，并在圆筒与法兰待焊处 20mm 以内进行清理，并打磨至发出金属光泽。

③ 将卷好的两节圆筒分别装配，并均匀留出 2mm 间隙。用直径 3.2mm 的焊条，使用 80～110A 焊接电流在圆筒的接口处每隔 150～200mm 进行定位焊，每段长 15～20mm，要求焊透。

④ 选择平焊位置，采用跳焊法分段多层焊法焊接，如图 3-85 所示。打底焊用直径 3.2mm 的焊条，80～110A 焊接电流。其他各层用直径 4mm 的焊条，170～190A 的焊接电流。

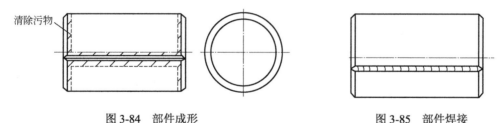

图 3-84　部件成形　　　　　　　　图 3-85　部件焊接

⑤ 先将焊好的两节圆筒整形，清除焊接后引起的变形。再将两节圆筒组装，组装时使两圆筒上的焊缝错开 200mm 以上，两圆筒之间留有 2mm 间隙，内壁不能有错位，如图 3-86 所示。然后选用直径为 3.2mm 的焊条，焊接电流为 80～110A，在圆筒上对称处进行定位焊，每处要求长度 15～30mm，并要求焊透。

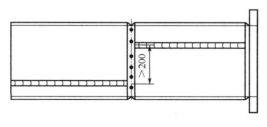

图 3-86　部件装配

⑥ 将焊件置于滚动支承上，如图 3-87 所示，（为便于在水平焊接，应使其能方便地绕自身的中心轴转动）。选用直径为 3.2mm 的焊条，焊接电流为 80～110A，对两圆筒之间的对接

焊缝进行焊接（其他各层选用直径为 4mm，焊接电流为 170～190A 进行焊接）。再对法兰与圆筒之间的角焊缝进行焊接。

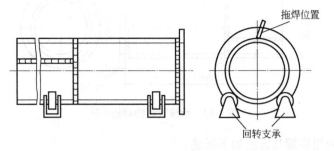

图 3-87　整体焊接

项目 **4**

CO_2 气体保护焊

CO_2 气体保护焊是利用专门输送到熔池周围的 CO_2 气体作为介质的一种电弧焊，其焊接操作示意图如图 4-1 所示。

图 4-1　CO_2 气体保护焊焊接操作示意图

任务 1　认识 CO_2 气体保护焊所用设备

CO_2 气体保护焊所用设备的了解与认识同样要利用场景教学的方法，即现场情景实体教学。教学过程中要强调设备的安装场地和要求及安全文明。

一、设备安装场地与工艺要求

1. CO_2 气体保护焊设备的安装场地及要求

与其他焊接方法相比较，CO_2 气体保护焊生产效率高、成本低、抗裂性好、对油污和锈蚀等不敏感，但焊接过程中飞溅较大、弧光强、抗风力弱及不够灵活等，因此，对其安装场地有一定的要求。

① 焊机应安装在离墙和其他焊机等设备至少 300mm 以外的地方，使焊机使用时能确保通风良好；焊机不应安装在日光直射处、潮湿处和灰尘较多处。

② 施焊工作场地的风速应小于 2.0m/s，超过该风速时应采取防风措施。焊接时为防止弧光伤人，应选择适当场所或在焊机周围加屏蔽板遮光。

③ 供电网路应能提供 CO_2 气体保护焊设备所要求的输入电压（220V 或 380V）、相数（单相或三相）和电源频（50Hz）。供电网路应有足够多的容量，以保证焊接时电压稳定。

目前 CO_2 气体保护焊设备允许网路电压的波动范围在-10%～+5%内。

④ 搬运 CO_2 气瓶时，应当盖上瓶盖和使用专用搬运车。安装时应当正置和可靠固定。CO_2 气瓶必须放在温度低于 40℃ 的地方。

⑤ 焊机机壳的接地必须良好。

2. CO_2 气体保护焊对设备的要求

CO_2 气体保护焊对设备的主要要求包括综合工艺性能、良好的使用性能和提高焊接过程稳定性的途径。

（1）综合工艺性能。

焊接过程中要想焊出达到焊接要求的 CO_2 气体保护焊接头，必须要有综合性能强的焊接设备作为基础，焊接综合性能好的焊接设备是保证焊接接头质量的前提条件。这就需要焊接设备在焊接过程中能始终保持焊接引弧的容易性，而且电弧的自动调节能力好，也就是在弧长发生变化时，焊接电流也要随之发生相应的变化，即弧长变长时，焊接电流的变化要尽量的小；焊丝的长度伸长变化时，产生的静态电压误差值要小，并且焊接时焊接参数的调节要方便灵活，准确度高，能够满足多种直径焊丝焊接的需求。

（2）良好的使用性能。

CO_2 气体保护焊还要求焊机必须要有良好的使用性能，即在焊接过程中，焊枪要轻巧灵活，操作方便自如；送丝机构的质量要轻便小巧，方便焊接过程中的整体移动；提供保护气体的系统要顺畅，气体保护状况稳定良好。另外还要求焊机在发生故障维修时要方便简单，故障发生率越低越好；除此以外，焊机的安全防护措施也是很关键的因素，确保焊机有良好的安全性能。

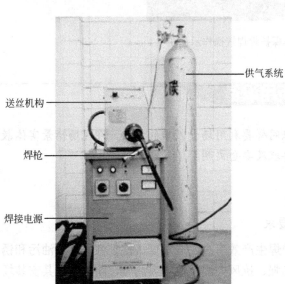

图 4-2 CO_2 气体保护焊设备

供气系统

送丝机构

焊枪

焊接电源

（3）提高焊接过程稳定性的途径。

为有效提高焊接过程中的稳定性，送丝机构必须在设计中更趋于合理化，在焊接整个过程中要确保焊丝匀速稳定地送丝；焊机的外特性也要进行仔细地选择，尽量达到合理的标准，弧压反馈送丝焊机采用了下降外特性的电源，等速度送丝焊机选用平或缓降外特性电源。

二、CO_2 气体保护焊所用设备

CO_2 气体保护焊设备主要由焊接电源、送丝机构、焊枪、供气系统四部分组成，如图 4-2 所示。

1. 焊接电源

（1）焊接电源的种类。

CO_2 气体保护焊的电源均为直流电源，并要求电源具有平特性。CO_2 气体保护焊焊接电源焊机有硅整电源直流电弧焊机和旋转式直流电弧焊机两大类，见表 4-1。

表 4-1　CO_2 气体保护焊焊接电源焊机

焊机类型	图　示	应用特点
硅整电源直流电弧焊机		电源由焊接变压器、整流器、接触器与保护元件等组成整流电路，按电压调节方式不同有变压器抽头式硅整电源、磁放大器 CO_2 气体保护焊接电源、可控硅式 CO_2 气体保护焊接电源等几种形式。其优点是体积小、性能好、效率高、运行可靠、节省电能、无噪声、结构简单。可进行无级调节（除变压器抽头式硅整电源外）
旋转式直流电弧焊机		即发电机式，有 AP1-350 型、AX1-500-2 型两种。其缺点是体积大、噪声大、制造工艺复杂且内部电抗大

（2）对焊接电源的基本要求。

CO_2 焊焊接起始时，焊丝由送丝机构送出，接触工件，焊丝与工件短路，产生大电流，使得焊丝顶端熔化。此时，焊丝与工件间形成电弧，随着焊丝的不断送出电弧变短，焊丝再次接触工件，如此周而复始形成焊接过程。

在焊接过程中，电弧不断地燃弧、短路、重新引弧、燃弧，如此周而复始，从而使得弧焊电源经常在负载、短路、空载三态间转换，因此，要获得良好的引弧、燃弧和熔滴过渡的状态，必须对电源提出如下要求。

① 焊接电压可调，以适应不同焊接需求。

② 最大电流限制，即有截流功能，避免因短路、干扰而引起的大电流损坏机器，而电流正常后，又能正常工作。

③ 适合的电流上升、下降速度，以保证电源负载状态变化，而不影响电源稳定和焊接质量。

④ 满足送丝电动机的供电需求。

⑤ 平稳可调的送丝速度，以满足不同焊接需求，保证焊接质量。

⑥ 满足其他焊接要求，如手动开关控制，焊接电流、电压显示，焊丝选择，完善的指示与保护系统等。

（3）CO_2 气体保护焊电源的外特性曲线。

由于 CO_2 气体保护焊电源的负载状态不断地在负载、短路、空载三态间转换，其输出电压与输出电流的关系如图 4-3（a）所示。为了得到适宜的焊接电源外特性曲线和良好的焊接效果，采用恒速送丝配合图 4-3（b）所示的平台型外特性电源的控制系统，有以下优点。

① 弧长变化时引起较大的电流变化，因而电弧自调节作用强，而且短路电流大，引弧容易。

② 电弧电压和焊接电流可单独加以调节。通过改变占空比调节电弧电压，改变送丝速度调节焊接电流，两者间相互影响小。

③ 电弧电压基本不受焊丝伸出长度变化的影响。

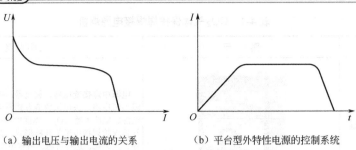

（a）输出电压与输出电流的关系　　（b）平台型外特性电源的控制系统

图 4-3　CO_2 气体保护焊电源的外特性曲线

④ 有利于防止焊丝回烧和黏丝。因为电弧回烧时，随着电弧拉长，焊接电流很快减小，使得电弧在未回烧到导电嘴前已熄灭；焊丝黏丝时，平特性直流焊接电源有足够大的短路电流使黏结处爆开，从而可避免黏丝。

（4）电源型号的编制与主要技术参数。

CO_2 气体保护焊电源型号的表示方法一般是由汉语拼音和数字所组成，如图 4-4 所示国产 CO_2 气体保护焊焊机型号和主要技术参数见表 4-2。

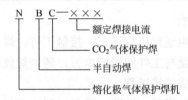

图 4-4　CO_2 气体保护焊电源型号表示方法

表 4-2　国产 CO_2 气体保护焊焊机型号与主要技术参数

焊机型号	电源电压/V	工作电压/V	额定焊接电流/A	额定负载持续率/%	焊丝直径/mm	送丝方式	送丝速度/m·h⁻¹
NBC-160	380	12～22	160	60	0.5～1.0	拉丝	40～200
NBC-200	380	12～22	200	60	0.5～1.0	拉丝	90～540
NBC-250	380	17～26	250	60	0.8～1.2	推丝	60～250
NBC-315	380	30	315	60	0.8～1.2	推丝	120～720
NBC-400	380	18～34	400	60	0.8～1.6	推丝	80～500
NBC-500	380	13～45	500	80	1.2～1.6	推丝	120～720
NBC1-200	380	14～30	200	100	0.8～1.2	推丝	100～1000
NBC1-250	380	27	250	60	1.0～1.2	推丝	120～720
NBC1-300	380	17～29	300	70	1.0～1.4	推丝	160～480
NBC1-400	220	15～42	400	60	1.2～.6	推丝	80～480
NBC1-500-1	380	15～40	500	60	1.2～2.0	推丝	160～480
NBC2-500	380	20～40	500	60	1.0～1.6（1.6～2.4）	推丝	120～1080
NBC3-250	380	14～30	250	100	0.8～1.6	推丝	100～1000
NZC-500-1	380	20～40	500	60	1～2	推丝	96～960
NZC-1000	380	30～50	1000	100	3	推丝	60～228

图 4-5 所示为 NBC-250 型 CO_2 气体保护焊焊机，焊机采用的模块及电气元件可靠性高，具有自动点焊功能。该机由特殊方法绕制的变压器性能优异，飞溅小，熔池深，焊缝成形好，

焊接速度快，引弧成功率高。该机选用塑钢、低合金钢进行空间全位置焊接。适用焊丝直径 ϕ 为 0.8～1.0mm，可焊接各种中薄的普通件。NBC-250 型 CO_2 气体保护焊焊机的主要技术参数见表 4-3。

表 4-3　NBC-250 型 CO_2 气体保护焊焊机的主要技术参数

输入电源	3 相，（380±10%）V，50Hz		250A　40%
额定输入电流/A	14	暂载率（40℃）	200A　60%
额定输入功率/kW	9		150A　100%
功率因数	0.95	适用焊丝直径/mm	0.8～1.0
空载电压范围/V	18～65	主机外形尺寸/mm	620×370×245
焊接电压可调级数	10	主机质量/kg	80
焊接电流可调范围/A	40～250	外壳防护等级	IP21S
效率	≥84%	绝缘等级	F

图 4-6 所示是 NBC-350 型 CO_2 焊机，焊机采用先进的 ICBT 逆变技术，具有质量轻、体积小、效率高和可靠性高等优点。对电网电压波动具有自动补偿功能，有过压、欠压、过流、过热等自动保护功能，根据电缆长度自动补偿，确保不同电缆长度均有良好的焊接性能。

该焊机适用于不锈钢、碳钢、低合金钢和高强度钢等钢铁材料的焊接。选用直径 ϕ1.0～1.2mm 的焊丝，可焊接大型的铝合金构件，进行大型铝槽、罐对接及角接焊缝的填充与盖面。NBC-350 型 CO_2 气体保护焊焊机的主要技术参数见表 4-4。

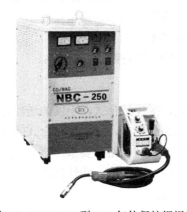

图 4-5　NBC-250 型 CO_2 气体保护焊焊机

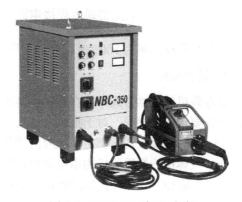

图 4-6　NBC-350 型 CO_2 焊机

表 4-4　NBC-350 型 CO_2 气体保护焊焊机的主要技术参数

输入电源	3 相，（380±10%）V，50Hz	效率	≥89%
额定输入电流/A	21	适用焊丝直径/mm	0.8～1.2
额定输入功率/kV·A	15	主机外形尺寸/mm	576×297×574
功率因数	≥0.87	主机质量/kg	40
CO_2 气体预热电源	AC36V	标配送丝装置	WF-350
最大空载电压/V	58	送丝机外形尺寸/mm	4506×480×610
焊接电流可调范围/A	60～350	送丝机质量/kg	13.6
暂载率（40℃）	60%　350A	外壳防护等级	IP21S
	100%　270A	绝缘等级	F

（5）焊接电源的负载持续率。

任何电气设备在使用时都会发热，使温度升高。如果温度太高，绝缘损坏，就会使电气设备烧毁。为了防止设备烧毁，必须了解焊机的额定焊接电流和负载持续率及它们之间的关系。

① 负载持续率。负载持续率可以按下式进行计算：

$$负载持续率 = \frac{燃弧时间}{焊接时间} \times 100\%$$

焊接时间是燃弧时间与辅助时间之和。当电流通过导体时，因导体都有电阻会发热，发热量与电流的平方成正比，电流越大，发热量越大，温度越高。当电弧燃烧（负载）时，发热量大，焊接电源温度升高；电弧熄灭（空载）时，发热量小，焊接电源温度降低。电弧燃烧时间越长，辅助时间越短，即负载持续率越高，焊接电源温度升高得越多，焊机越容易烧坏。

② 额定负载持续率。在焊机出厂标准中规定了负载持续率的大小。我国规定额定负载持续率为60%即在5min内，连续或累计燃弧3min，辅助时间为2min时的负载持续率。

③ 额定焊接电流。在额定负载持续率下，允许使用的最大焊接电流称作额定焊接电流。

④ 允许使用的最大焊接电流。当负载持续率低于60%时，允许使用的最大焊接电流比额定焊接电流大，负载持续率越低，可以使用的焊接电流越大。

当负载持续率高于60%时，允许使用的最大焊接电流比额定焊接电流小。已知额定负载持续率、额定焊接电流和实际负载持续率时，可按下式计算允许使用的最大焊接电流：

$$允许使用的最大焊接电流 = \frac{额定负载持续率}{实际负载持续率} \times 额定焊接电流$$

实际负载持续率为100%时，允许使用的焊接电流为额定焊接电流的77%。

2. 送丝机构

CO_2焊机的送丝方式一般有三种：推丝式、拉丝式、推拉结合式，不同的送丝方式对送丝的软管要求各不相同。对于推丝式送丝软管一般在2.5m左右，而推拉结合式的送丝软管可达15m。为了保证送丝稳定，相应的送丝电动机和送丝控制电路都要求严格。

CO_2气体保护焊送丝机构由电动机、减速器、校直轮、送丝轮、送丝软管、焊丝盘等组成，图4-7是CO_2气体保护焊送丝机构实物及技术参数图。

主要技术参数：	
送丝电压	DC24V DC18.3V
电磁阀电压	DC24V AC36V
焊丝直径	1.0 1.2 1.6
接口类型	松下/欧式 Panasonic/Euro
送丝速度范围	1.5-15m/min
适用焊丝盘	Φ300×Φ50×103mm
焊丝盘最大容量	20kg
额定牵引力	10kg
体积	460×200×280mm

图4-7　CO_2气体保护焊送丝机构实物及技术参数图

（1）送丝控制功能的一般要求。

① 焊丝的送出速度可调，且调速方便，以满足不同的环境要求。

② 送丝速度均匀平稳，以达到良好的焊接效果。

③ 尽可能缩短送丝停止时间，即急刹车功能。

④ 送丝控制与开关控制同步，手动开关应能够具有灵敏的送丝启动、刹车控制；适宜的输出电流延时、峰波控制；灵敏、可靠、适宜的通断气体控制。

⑤ 送丝机构结构牢固轻巧。

（2）送丝方式。

CO_2焊送丝方式见表 4-5。

表 4-5　CO_2焊送丝方式

送丝方式	示意图	说　　明
推丝式	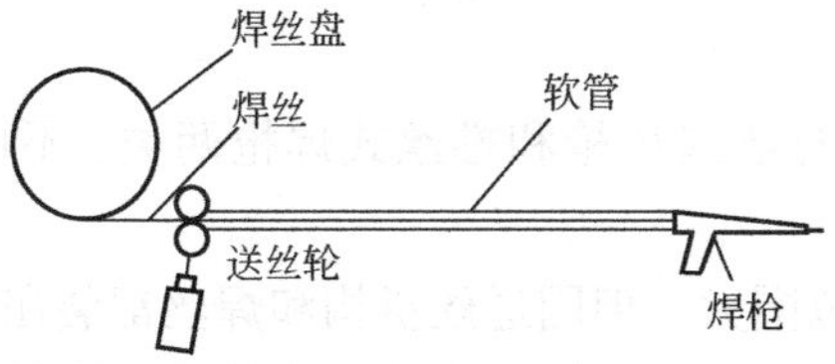	焊丝由送丝滚轮推入软管，再经焊枪上的导电嘴送至焊接电弧区。结构简单轻巧、使用灵活方便，可采用较大直径的焊丝盘，被广泛应用于直径 0.5～1.2mm 的焊丝。但对软管质量要求高，送丝软管长度短，焊枪活动范围小
推拉式	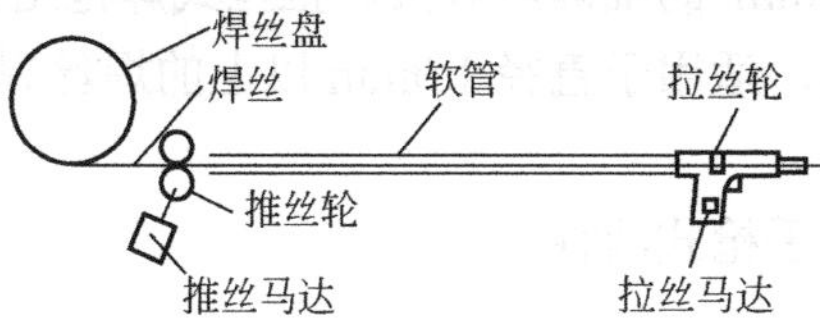	推拉式送丝通过安装在焊枪内的拉丝电动机和送丝装置内的推丝电动机两者同步运转完成送丝动作。同时通过自动调节，可使两者的进给力始终保持一方从属另一方的状态，这样不会使焊丝弯曲或中断。这种送丝方式的送丝软管可达 20～30m，但结构复杂、维修不方便，应用较少
拉丝式	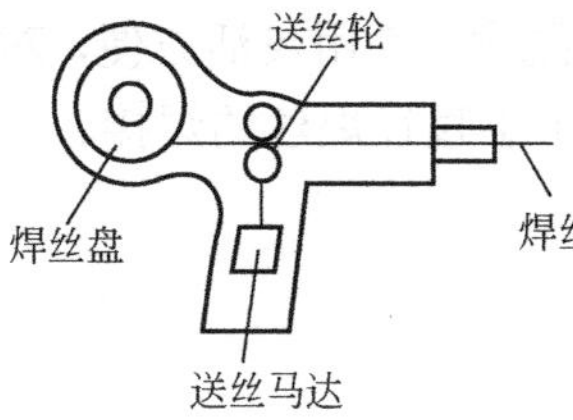	送丝电动机、减速箱、送丝滚轮和小型焊丝盘都装在焊枪上，省去了软管。结构紧凑，焊枪活动范围大，但较笨重，适用于细直径焊丝焊接薄钢板

（3）送丝轮。

根据送丝轮的表面形状和结构的不同，可将推丝式送丝机构分成两类。

① 平轮 V 形槽送丝机构。送丝轮上开有 V 形槽，靠焊丝与 V 形槽两个接触点的摩擦力送丝，如图 4-8 所示。由于摩擦力小，送丝速度不够平稳。由于设计与制造简单，生产的大多数送丝机构都采用这种送丝方式。

采用推丝式送丝机构装焊丝时应根据焊丝直径选择合适的 V 形槽，并调整好压紧力。若压紧力太大，将会在焊丝上压出棱边和很深的齿痕，使送丝阻力增大，焊丝嘴内孔易磨损；若压紧力太小，则送丝不均匀，甚至送不出焊丝。

② 行星双曲线送丝机构，如图 4-9 所示，采用特殊设计的双曲线送丝轮，使焊丝与送丝轮保持线接触，送丝摩擦力大，速度均匀，送丝距离大，焊丝没有压痕，能校直焊丝，对带轻微锈斑的焊丝有除锈作用，且送丝机构简单，性能可靠，但设计与制造比较麻烦。

3. 焊枪

焊枪可按以下方法进行分类。

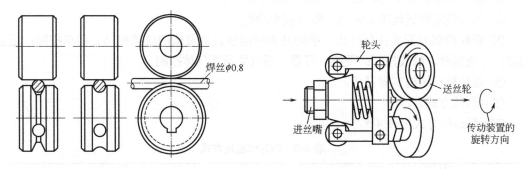

图 4-8　平轮 V 形槽送丝机构　　　　图 4-9　行星双曲线送丝机构

（1）按送丝方式分类。

根据送丝方式的不同，焊枪可分为拉丝式焊枪和推丝式焊枪两类。不同形式的焊枪如图 4-10 所示。

拉丝式焊枪送丝均匀稳定，其活动范围大。但因送丝机构和焊丝都装在焊枪上，故焊枪结构复杂、笨重，只能使用直径 0.5～0.8mm 的细焊丝焊接。推丝式焊枪结构简单、操作灵活，但焊丝经过软管时受较大的摩擦阻力，适用于直径 1.0mm 以上的焊丝焊接。

（2）按焊枪形状分类。

根据焊枪形状的不同，分为鹅颈式和手枪式两种。

① 鹅颈式焊枪。

鹅颈式焊枪如图 4-11 所示。这种焊枪形似鹅颈，使用灵活方便，对某些难以达到的拐角处和某些受限区域焊接良好。应用较广，适用于小直径焊丝的焊接。

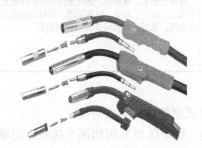

图 4-10　焊枪的形式　　　　　　　　图 4-11　鹅颈式焊枪

典型的鹅颈式焊枪头部的结构如图 4-12 所示。其主要部件的作用和要求如下所述。

a. 喷嘴。其内孔的直径将直接影响保护效果，要求从喷嘴中喷出的气体为截头圆锥体，均匀地覆盖在熔池表面，保护气体的形状如图 4-13 所示。喷嘴内孔的直径为 16～22mm，为节约保护气体，便于观察熔池，喷嘴直径不宜太大。常用纯铜或陶瓷材料制造喷嘴，为降低其内表面的表面粗糙度值和提高其表面的硬度，应在纯铜喷嘴的表面镀一层铬。

喷嘴以圆柱形较好，也可做成上大下小的圆锥形，如图 4-14 所示。焊接前，最好在喷嘴的内、外表面喷涂上一层防飞溅喷剂或刷一层硅油，以便于清除黏附在喷嘴上的飞溅物并延长喷嘴使用寿命。

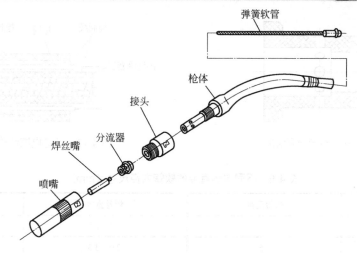

图 4-12 鹅颈式焊枪头部的结构

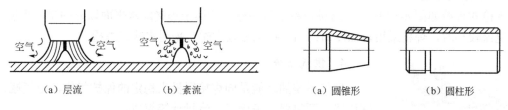

图 4-13 保护气体的形状

图 4-14 喷嘴形状

b. 焊丝嘴。又称导电嘴，其外形如图 4-15 所示。它常用纯铜、铬青铜材料制造。为保证导电性能良好，减小送丝阻力和保证对准中心，焊丝嘴的内孔直径必须按焊丝直径选取，孔径太小，送丝阻力大；孔径太大，则送出的焊丝端部摆动太厉害，造成焊缝不直，保护效果也不好。通常焊丝嘴的孔径比焊丝直径大 0.2mm 左右。

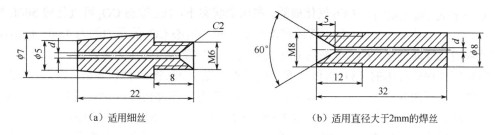

（a）适用细丝

（b）适用直径大于2mm的焊丝

图 4-15 焊丝嘴

c. 分流器。分流器是由绝缘陶瓷制造而成的，上有均匀分布的小孔，从枪体中喷出的保护气体经分流器后，从喷嘴中呈层流状均匀喷出，可改善气体保护效果，分流器的结构如图 4-16 所示。

d. 导管电缆，如图 4-17 所示，导管电缆的外面为橡胶绝缘管，内有弹簧软管、纯铜导电电缆、保护气管和控制线，常用的标准长度是 3m。根据需要，也可采用 6m 长的导管电缆。正确选择弹簧软管的直径和内径，若焊丝粗，弹簧软管内径小，则送丝阻力就大；若焊丝细，弹簧软管内径大，送丝时焊丝在软管中容易弯曲，影响送丝效果。表 4-6 给出了不同焊丝直径的软管内径尺寸。

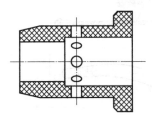

图 4-16　分流器的结构

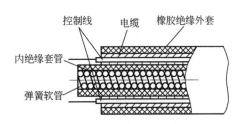

图 4-17　导管电缆结构图

表 4-6　不同焊丝直径的软管内径尺寸（mm）

焊丝直径	软管直径	焊丝直径	软管直径
0.8～1.0	1.5	1.4～2.0	3.2
1.0～1.4	2.5	2.0～3.5	4.7

② 手枪式焊枪。

手枪式焊枪如图 4-18 所示。这种焊枪形似手枪，适用于焊接除水平面以外的空间焊缝。焊接电流较小时，焊枪采用自然冷却；当焊接电流较大时，采用水冷式焊枪。

图 4-18　手枪式焊枪（水冷）

4. 供气系统

供气系统的功能是向焊接区提供稳定的保护气体，由气瓶、减压器、预热器、干燥器、流量计等组成。

（1）CO_2 气瓶。

瓶体为银白色，漆有"二氧化碳"黑色字样。CO_2 气瓶容积为 40L，可装 25kg 液态 CO_2，液面上为 CO_2 气体（含有水蒸气、空气等杂质）。满瓶 CO_2 气瓶中，液态 CO_2 和气态 CO_2 约分别占气瓶容积的 80% 和 20%。焊接用的 CO_2 气体是由气瓶内的液态 CO_2 气化成的。在标准状态下，1kg 液态 CO_2 可气化成 500L 气态 CO_2。瓶内有液态 CO_2 时，气态 CO_2 的压力约为 4.90～6.86MPa，压力随环境温度而变化。CO_2 气瓶内 CO_2 的储量不能用瓶内气体压力来表示。

CO_2 气体保护焊用的 CO_2 气体纯度一般要求不低于 99.5%（体积分数）。CO_2 气瓶里的 CO_2 气体中水汽的含量与气体压力有关，气体压力越低，气体内水汽含量越高，越容易产生气孔。因此，CO_2 气瓶内气体压力要求不低于 1 MPa。降至 1 MPa 时，应停止使用。

CO_2 气瓶应小心轻放，竖立固定，防止倾倒；使用时必须竖立，不得卧放使用；气瓶与热源距离应大于 5m。

（2）减压器。

减压器的作用是将气瓶内的气体压力降低至使用压力，并保持使用压力稳定，使用压力还应该可以调节。CO_2 气体减压器通常采用氧气减压器即可。

（3）预热器。

高压 CO_2 气体经减压器变成低压气体时，因体积突然膨胀，温度会降低，使气体温度下降到 0℃ 以下，很容易把瓶阀和减压器冻坏并造成气路堵塞。预热器的作用是防止瓶阀和减压器冻坏或气路堵塞。预热器的功率为 100W 左右，预热器电压应低于 36V，外壳接地应可靠。工作结束应立即切断电源和气源。

（4）干燥器。

干燥器的作用是吸收 CO_2 气体中的水分，防止产生气孔。接在减压器前面的为高压干燥器（往往和预热器做成一体），接在减压器后面的为低压干燥器。干燥器内装有硅胶或脱水硫酸铜、无水氧化钙等干燥剂。

（5）流量计。

流量计的作用是测量和调节 CO_2 气体的流量，常用转子流量计。也可把减压器和流量计做成一体。图 4-19 是减压器与流量计的组装使用图。

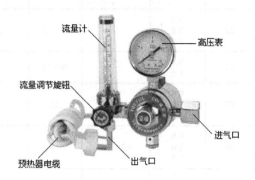

图 4-19　减压器与流量计的组装使用图

（6）电磁气阀。

电磁气阀是用电信号控制气流通断的装置。

三、CO₂气体保护焊设备的使用

1. CO_2 焊机的安装和使用

（1）使用环境条件。

① 海拔高度不超过 1000m。

② 环境温度为 5～40℃。

③ 相对湿度不超过 90%（25℃）。

④ 使用场所无严重影响产品的气体、蒸汽、化学性沉积、霉菌及其他爆炸性、腐蚀性介质。

⑤ 使用场所无剧烈震动和颠簸。

（2）供电电源。

① 按安全规程接好地线。

② 连接 3 相 380V 的电源线时，不需要定相位。

对供电电源的参数要求见表 4-7。

表 4-7　供电电源参数

电压/V	380
相数	3
容量/kV·A	≥20
保险丝容量/A	30
电源电缆截面积/mm²	10（铜芯）

（3）焊机的安装。

① 半自动 CO_2 气体保护焊机的基本参数。半自动 CO_2 气体保护焊机的基本参数见表 4-8。

表 4-8　半自动 CO_2 气体保护焊机的基本参数

额定焊接电流等级/A	调节范围		额定负载电压/V	焊丝直径/mm	焊接速度/m · min^{-1}	送丝速度/m · min^{-1}		额定负载持续率/%	工作周期/min
	上限不小于	下限不大于				上限不小于	下限不大于		
160	160/22	40/16	22	0.6 0.8 1.0	—	9～12	3	60 或 100	5 或 10
200	200/24	60/17	24	0.8 1.0	—	9～12	3	60 或 100	5 或 10
250	250/27	60/17	27	0.8 1.0 1.2	—	12	3	60 或 100	5 或 10
315 (300)	315（300）/30	80/18	30	0.8 1.0 1.2	0.2～1.0	12	3	60 或 100	5 或 10
400	400/24	80/18	34	1.0 1.2 1.6	0.2～1.0	12	3	60 或 100	5 或 10
500	500/39	100/19	39	1.0 1.2 1.6	0.2～1.0	12	3	60 或 100	5 或 10
630	630/44	110/19	44	1.2 1.6 2.0	0.2～1.0	12	2.4	60 或 100	5 或 10

② 焊机的安装。焊机在安装时要注意以下内容。

a. 电源电压、开关、熔丝容量必须符合焊机铭牌上的要求。切不可将额定输入电压为 220V 的设备接在 380V 的电源上。

b. 每台设备都用一个专用的开关供电，设备与墙距离应该大于 0.3m，并保证通风良好。

c. 设备导电外壳必须接地线，地线截面必须大于 $12mm^2$。

d. 凡需用水冷却的焊接电源或焊枪，在安装处必须有充足可靠的冷却水，为保证设备的安全，最好在水路中串联一个水压继电器，无水时可自动断电，以免烧毁焊接电源及焊枪。使用循环水箱的焊机，冬天应注意防冻。

e. 根据焊接电流的大小，正确选择电缆软线的截面。

焊机安装前必须认真地阅读设备使用说明书，了解基本要求后才能进行安装。其安装步骤为：首先要查清电源的电压、开关和熔丝的容量。这些要求必须与设备铭牌上标明的额定输入参数完全一致；再检查焊接电源导线的可靠接地；然后用电缆将焊接电源输出端的负极和焊件接好，将正极与送丝机构接好（CO_2 气体保护焊通常都采用直流反接，可获得较大的熔深和生产效率，如果用于堆焊，为减小堆焊层的稀释率，最好采用直流正接，这两根电缆的接法正好与上述要求相反）；再接好遥控盒插头，并将流量计至焊接电源及焊接电源至送丝机构处的送气胶管接好，再将减压调压器上的预热器的电缆插头，插至焊机插座上并拧紧，接通预热器电源，再将焊枪与送丝机构接好（若焊机或焊枪需用水冷却，则接好冷却水系统，冷却水的流量和水压必须符合要求），最后接好焊接电源至供电电源开关间的电缆（若焊机固定不动，焊机至开关这段电缆按要求应从埋在地下的钢管中穿过。若焊机需移动，最好采用截面合适和绝缘良好的四芯橡套电缆）。

（4）焊机的使用调整。

以典型的 YM-500S 型 CO_2 气体保护焊机为例进行说明。

YM-500S 型 CO_2 气体保护焊机的结构组成如图 4-20 所示，主要包括焊接电源、送丝机构、焊枪、遥控盒和 CO_2 气体减压调节器。

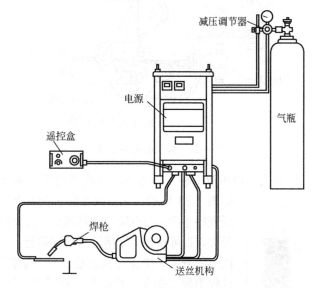

图 4-20　YM-500S 型 CO_2 气体保护焊机结构组成

① 控制按钮的选择。该焊机可采用直径 1.2mm 和 1.6mm 的焊丝，纯 CO_2 或氩气与 CO_2 混合气进行焊接。焊接前需预先调整好这些开关的位置。调整方法如图 4-21 所示。这些开关必须在焊前调整好，焊接过程开始后一般不再进行调整。

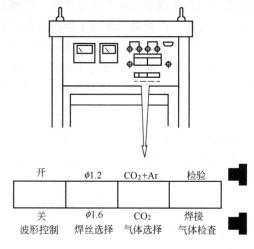

图 4-21　调整控制开关

② 装焊丝。首先将焊丝盘装在轴上并锁紧，再按图 4-22 所示①②③④的顺序安装焊丝。

③ 安装减压流量调节器并调整流量。操作者站在气瓶嘴的侧面，缓慢开、闭气瓶阀门 1～2 次，检查气瓶是否有气，并吹净瓶口上的脏物，再装上减压流量调节器，并顺时针方向拧紧螺母，然后缓慢地打开瓶阀，检查接口处是否漏气，然后按下焊机面板上的保护气

检查开关(此时电磁气阀打开),再慢慢拧开流量调节手柄,流量调至符合焊接要求时为止(流量调整好后,再按一次保护气体检查开关,此开关自动复位,气阀关闭,气路处于准备状态,一旦开始焊接,即按调好的流量供气)。

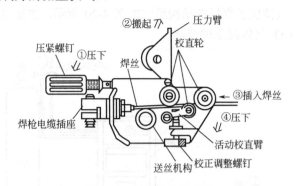

图 4-22 焊丝的安装步骤

④ 选择焊机的工作方式。焊机有三种工作方式,可用"自锁、弧坑"控制开关选择,如图 4-23 所示。此开关在焊机的左上方,位于电流表与电压表的下面。当自锁电路接通时,只要按一下焊枪上的控制开关,就可松开,焊接过程自动进行,焊工不必一直按着焊枪上的开关,操作时较轻松。当"自锁"电路不通时,焊接过程中焊工必须一直按着控制开关,只要松开此开关焊接过程立即停止。当弧坑电路接通时(ON 位置),收弧处将按预先选定的焊接参数自动衰减,能较好地填满弧坑。若弧坑电路不通(OFF 位置),收弧时焊接参数不变。

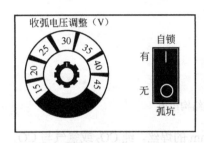

图 4-23 "自锁、弧坑"控制开关

"工作方式选择开关"扳向上方时,为第一种工作方式。在这种工作方式下,"自锁与弧坑控制电路"都处于接通状态,因为自锁电路处于接通状态,焊接过程开始后,即可松开焊枪上的控制开关,焊接过程自动进行,直到第二次按下焊枪上的控制开关为止。当第二次按焊枪上的控制开关时,弧坑控制电路开始工作,焊接电流与电弧电压按预先调整好的参数衰减,电弧电压降低,送丝速度减小,第二次松开控制开关时,填弧坑结束。填弧坑时采用的电流和电压(即送丝速度),可分别用弧坑电流、弧坑电压旋钮进行调节。

> **提 示**
>
> 焊枪控制开关第二次接通时间的长短是填弧坑时间。这段时间必须根据弧坑状况选择。若时间太短,弧坑填不满;若时间太长,弧坑处余高太大,还可能会烧坏焊丝嘴。

"工作方式选择开关"扳向中间时为第二种工作方式。在第二种工作方式下,"自锁和弧坑控制线路"都处于断开状态。

在这种工作方式下,焊接过程中不能松开焊枪上的控制开关,焊工较累。靠反复引弧、断弧的办法填弧坑。第二种工作方式适用于焊接短焊缝和焊接参数需经常调整的情况。

"工作方式选择开关"扳向下方为第三种工作方式。在第二种工作方式下,自锁电路接通,弧坑控制电路断开。

在第三种工作方式下，焊接过程一转入正常状态，焊工就可以松开焊枪上的控制开关，自锁电路保证焊接过程自动进行。需要停止焊接时，第二次按焊枪上的控制开关，焊接过程立即自动停止，因弧坑控制电路不起作用，焊接电流不能自动衰减，为填满弧坑，需在弧坑处反复引弧、断弧几次，直到填满弧坑为止。

⑤ 调整焊接参数。

a. 将遥控盒上的输出焊接电流调整旋钮的指针旋至预先选定的焊接电流刻度处，电压微调旋钮调至零处，如图 4-24 所示。电流有两圈刻度，内圈用于直径为 1.2mm 的焊丝，外圈用于直径为 1.6mm 的焊丝。

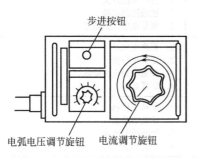

图 4-24　遥控盒

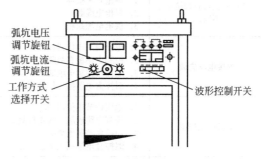

图 4-25　收弧焊接参数的调节

b. 引燃电弧，并观察电流表读数与所选值是否相符，若不符，则再调输出旋钮至电流读数相符为止。

c. 根据焊缝成形情况，用电压微调旋钮修正电弧电压值，直到得到满意焊缝宽度为止。若焊缝较窄或两边熔合不太好，可适当增加电压，将微调旋钮按顺时针转动；若焊缝太宽或咬边，则降低电压，微调旋钮逆时针转动。

⑥ 调整收弧焊接参数。若选用弧坑控制工作方式（即第一种工作方式）则可用弧坑电流和弧坑电压调节旋钮，分别调节收弧电流和电压，如图 4-25 所示。

⑦ 调整波形控制开关。对于 CO₂ 气体保护焊，当焊接电流在 100～180A 时，由于熔滴是短路过渡和熔滴过渡的混合形式，飞溅大，电弧不稳定，焊缝成形不好。当波形控制电路接通后（开关按下时），在上述电流范围内，可改善焊接条件，减小飞溅，改善成形，并可提高焊接速度 20%～30%。

2. CO₂ 焊机的维护

（1）CO₂ 焊机操作规程。

① 操作者必须持电焊操作证上岗。

② 打开配电箱开关，电源开关置于"开"的位置，供气开关置于"检查"位置。

③ 打开气瓶盖，将流量调节旋钮慢慢向"OPEN"方向旋转，直到流量表上的指示数为需要值。供气开关置于"焊接"位置。

④ 焊丝在安装中，要确认送丝轮的安装是否与焊丝直径吻合，调整加压螺母，视焊丝直径大小加压。

⑤ 将收弧转换开关置于"有收弧"处，先后两次将焊枪开关按下、松开进行焊接。

⑥ 焊枪开关置于"ON"，焊接电弧产生；焊枪开关置于"OFF"，切换为正常焊接条件的焊接电弧；焊枪开关再次置于"ON"，切换为收弧焊接条件的焊接电弧；焊枪开关再次置于"OFF"，焊接电弧熄灭。

⑦ 焊接完毕后，应及时关闭焊电源，将 CO_2 气源总阀门关闭。

⑧ 收回焊把线，及时清理现场。

⑨ 定期清理焊机上的灰尘，用空压机或氧气吹除机芯的积尘，一般一周一次。

（2）CO_2 焊机维护。

CO_2 焊机的维护见表4-9。

表4-9　CO_2 焊机的维护

故障现象	产生原因	维修方法
焊接枪开关没有焊接电压不送丝	1. 焊枪开关损坏 2. 焊枪电缆断 3. 供电电源缺相	1. 更换焊枪开关 2. 接通控制电缆 3. 测量电压，换熔丝
焊接电流失调	1. 电流调节电位器损坏 2. 控制电路板有故障 3. 遥控盒控制电缆断 4. 遥控盒电缆插头接触不良	1. 更换电位器 2. 更换电路板 3. 接通控制电缆断线 4. 旋紧插头
电弧电压失调	1. 电压调节电位器损坏 2. 控制电路板触发线路板故障 3. 遥控盒控制电缆断 4. 遥控盒电缆插头接触不良	1. 更换电位器 2. 更换电路板 3. 接通控制电缆 4. 旋紧插头
无保护气体	1. 气路胶管断开 2. 气管被压或堵塞 3. 电磁气阀损坏	1. 接通气路并扎牢 2. 检查气路并排除 3. 更换电磁气阀
送丝不畅	1. 送丝管堵塞 2. 送丝机构压把调节不合适	1. 清洗送丝管 2. 调节压把到合适位置
焊机在自锁状态下工作不自锁	自锁控制板故障	更换自锁控制板
电弧电压正常，送丝正常，但不引弧	1. 接地线断路 2. 焊件油污过多	1. 接通地线 2. 清除油污
电弧不稳且飞溅大	1. 焊接参数选择不当 2. 主电路晶闸管损坏 3. 导电嘴磨损严重 4. 焊丝伸出过长	1. 调整到合适的焊接参数 2. 更换晶闸管 3. 更换导电嘴 4. 焊丝伸出长度适当

任务2　认识 CO_2 气体保护焊用材料

本任务主要介绍 CO_2 气体的性质及 CO_2 气体保护焊所用焊丝的分类、特点与选用和保管的内容，应以多媒体和微课教学手段，并结合生产实际的应用进行讲授。

一、气体

1. CO_2 气体

CO_2 气体有固态、液态和气态三种状态。纯净的 CO_2 气体无色、无嗅，稍微有酸味，无毒气体，CO_2 气体也称为碳酸气。相对分子量为 44.009，在 0℃和一个大气压的标准状态下，其密度是 $1.977kg/m^3$，是空气的 1.5 倍。CO_2 气体易溶于水生成碳酸，对水的溶解度随温度的升高和压力的降低而减少。

当温度低于-11℃时，其密度比水都还要大，当温度高于-11℃时，其密度比水小。液态的 CO_2 在-78℃时转变为气态的 CO_2，不加压力冷却时，CO_2 直接由气态变成固态叫做"干冰"，温度升高时，"干冰"升华直接变成气态的 CO_2 气体。

液态的 CO_2 在压力降低时会蒸发膨胀，并吸收周围大量的热而凝固成干冰，此时的密度为 1.56kg/L，固态 CO_2 的密度受压力影响甚微，受温度的影响也不是很大，固态 CO_2 密度与温度的关系见表 4-10。液态 CO_2 的密度受压力变化影响甚微，受温度变化的影响较大，液态 CO_2 密度与温度的关系见表 4-11。

表 4-10　固态 CO_2 密度与温度的关系

温度/℃	-56.6	-60	-65	-70	-75	-80	-85	-90
密度/kg·m⁻³	1512	1522	1535	1546	1557	1556	1575	1582

表 4-11　液态 CO_2 密度与温度的关系

温度/℃	密度/kg·m⁻³	温度/℃	密度/kg·m⁻³	温度/℃	密度/kg·m⁻³	温度/℃	密度/kg·m⁻³
31.0	463.9	25.0	705.8	17.5	795.5	10.0	858
30.0	596.4	22.5	741.2	15.0	817	7.5	876
27.5	661.0	20.0	770.7	12.5	838.5	5.0	893.1
2.5	910.0	0.0	924.8	-2.5	941.0	-5.0	953.8
-7.5	968.0	-10	980.8	-12.5	993.8	-15.0	1006.1
-17.5	1048.5	-20	1029.9	-22.5	1041.7	-25.0	1052.6
-27.5	1063.6	-30	1074.2	-32.5	1084.5	-35.0	1094.9
-37.5	1105.0	-40	1115.0	-42.5	1125.0	-45.0	1134.5
-47.5	1144.4	-50	1153.5	-55.0	1172.1	—	—

液态 CO_2 的体积膨胀系数较大，在 -5～35℃ 内，满量充装的 CO_2 气瓶，瓶内温度升高 1℃，瓶内气体压力相应升高 314～834kPa，因此，超量充装的 CO_2 气瓶在瓶体温度升高时，容易爆炸。液态 CO_2 可以溶解质量分数为 0.05% 左右的水，其余的水则呈自由状态沉于 CO_2 气瓶的底部，溶于液态 CO_2 中的水，将随着 CO_2 的蒸发而蒸发，混入 CO_2 气体中，降低 CO_2 气体的纯度。CO_2 气瓶内的压力越低，则 CO_2 气体中水蒸气含量越高，当气瓶内的压力低于 980kPa 时，CO_2 气体中所含的水分比饱和压力下增加 3 倍左右，此时的 CO_2 气体已经不适宜继续进行 CO_2 气体保护焊焊接，否则，焊缝中容易出现气孔缺陷。

在常温下 CO_2 气体的化学性质是比较稳定的，既不会分解，也不与其他化学元素发生化学反应，但是在高温下 CO_2 气体却很容易分解成 CO 和 O_2，因此，高温下的 CO_2 气体具有还原性。焊接用的 CO_2 气体纯度必须满足 $\varphi(CO_2) > 99.5\%$、$\varphi(O_2) < 0.1\%$、H_2O（CO_2 气体湿度）$< 1～2g/m^3$。

焊缝质量要求越高，作为焊接保护用的 CO_2 气体的纯度要求也越高，其纯度（体积分数）应不低于 99.8%，露点低于 -40℃。

2. 混合气体

为有效改善在 CO_2 气体保护下进行半自动、自动焊接时焊缝外观不良与飞溅大等问题，可采用混合气体进行焊接。混合气体的使用具有以下优点。

① 因飞溅极少，可省略清理焊渣工序。

② 焊道外形完美，并易实现薄板对焊。

③ 焊缝缺口具有良好的冲击韧性。

（1）混合气体的种类。

目前，和 CO_2 气体混合使用的气体主要有氩气和氧气。

① 氩气（Ar）。氩气为单原子气体，原子量大，热导率小，且电离势低。氩气是无色、无嗅的惰性气体，比空气重。密度为 $1.784kg/m^3$（空气的密度为 $1.29\ kg/m^3$）。瓶装氩气最高充气压力在 20℃时为（15±0.5）MPa，返还生产厂充气时瓶内余压不得低于 0.2 MPa。混合气体保护焊时需用氩气，主要用于焊接含合金元素较多的低合金钢。为了确保焊缝的质量，焊接低碳钢时也采用含氩的混合气体保护焊。焊接用氩气应符合焊接要求和质量的规定，其中纯氩的品质要求要符合表 4-12 的规定。

表 4-12 纯氩的品质要求

项 目	指标	项 目	指标
氩纯度（体积分数×10^{-2}）≥	99.99	氮含量（体积分数×10^{-6}）≤	50
氢含量（体积分数×10^{-6}）≤	5	总含碳量（以甲烷计）（质量分数×10^{-6}）≤	10
氧含量（体积分数×10^{-6}）≤	10	水分含量（质量分数×10^{-6}）≤	15

② 氧气（O_2）。氧在空气中的体积分数约占 21%，在常温下它是一种无色、无味的气体，分子式为 O_2。在 0℃和 0.1MPa 气压的标准状态下密度为 $1.43kg/m^3$，比空气重（空气密度为 $1.29kg/m^3$）。在-182.96℃时变成浅蓝色液体（液态氧），在-219℃时变成淡蓝色固体（固态氧）。氧气本身不能燃烧，但是它是一种活泼的助燃气体。氧的化学性质极为活泼，能同很多元素化合生成氧化物，焊接过程中使合金元素氧化，是焊接过程中的有害元素。工业用气体氧分为两级：一级氧纯度（体积分数）不低于 99.2%；二级氧纯度（体积分数）不低于 98.5%。

（2）混合气体的配比。

焊接保护混合气体配比见表 4-13。

表 4-13 焊接保护混合气体配比

主要气体	混入气体	混合范围（体积分数，%）	允许气压/MPa（35℃）
Ar	O_2	1～12	9.8
		3～6	
		3～4	
	H_2	1～15	
	N_2	0.2～1	
		（900～1000）×10^{-6}	
	CO_2	5～13	
		18～22	
	He	50	
He	Ar	25	
CO_2	O_2	1～20	

（3）混合气体的应用。

常用的混合气体有 $Ar+CO_2$ 和 $Ar+CO_2+O_2$。

① $Ar+CO_2$ 混合气。适用于低碳钢、低合金钢的焊接，它具有氩弧焊的优点，且由于保护气体具有氧化性，克服了单纯 Ar 保护时产生的阴极漂移现象及焊接成形不良的问题。CO_2

的比例一般为20%～30%（体积分数），适合于喷射、短路及脉冲过渡形式，但短路过渡进行垂直和仰焊时，往往提高CO$_2$比例到50%（体积分数），以利于控制熔池。使用混合气体比纯CO$_2$的成本高，但获得的焊缝的冲击韧度高、工艺效果好、飞溅小，所以普遍用于低碳钢、低合金钢重要工件的焊接。

② Ar+CO$_2$+O$_2$混合气。对改善焊缝断面形状更有好处。混合气体比例为80%Ar+15%CO$_2$+5%O$_2$时（体积分数），焊接低碳钢、低合金钢得到最佳结果，焊缝成形、接头质量、金属熔滴过渡和电弧稳定性方面均效果较好。使用三种不同的气体获得的焊缝断面形状如图4-26所示，Ar+CO$_2$+O$_2$混合气较其他气体获得的焊接形状都要理想。

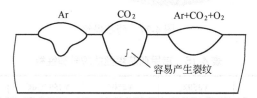

图4-26　使用三种不同气体获得的焊缝断面

二、焊丝

1. 焊丝的分类

（1）实心焊丝。

实心焊丝是热轧线材经拉拔加工而制成的。为防止焊丝生锈，除不锈钢焊丝和非铁金属焊丝外都要进行表面处理。目前主要是镀铜处理，包括电镀、浸铜及化学镀等方法。常用的镀铜工艺方法有两种。

① 化学镀工艺。粗拉放线→粗拉预处理→粗拉→退火→细拉放线→细拉预处理→细拉→化学镀→精绕→包装。

② 电镀工艺。粗拉放线→粗拉预处理→粗拉→退火→镀铜放线→镀铜预处理→细拉→有氰电镀或无氰电镀→精绕→包装。

为防止产生气孔，减少飞溅和保证焊缝的力学性能，CO$_2$气体保护焊用焊丝中要求含有足够的合金元素。

实心焊丝适用于低碳钢和低合金结构钢的焊接。CO$_2$气体保护焊用的实心焊丝有两种，牌号与化学成分见表4-14。

表4-14　CO$_2$气体保护焊用焊丝的牌号与化学成分

焊丝牌号	合金元素含量/%						用途
	C（碳）	Si（硅）	Mn（锰）	Cr（铬）	S（硫）	P（磷）	
H08MnSi	≤0.1	0.7～1.0	1.0～1.3	≤0.2	<0.03	<0.01	低碳钢
H08MnSiA		0.6～0.85	1.4～1.7			<0.035	低合金钢
H08Mn2Si		0.7～0.95	1.8～2.1				低合金高强钢

（2）药芯焊丝。

药芯焊丝是吸收焊条和实心焊丝的优点开发出来的一种新型焊接材料。它是用薄金属带卷成圆形或异型的金属圆管，并在其中填满药粉，然后经过拉制而成的一种焊丝，如图4-27所示。

① 药芯焊丝的牌号与性能。常用药芯焊丝的牌号和性能见表4-15。

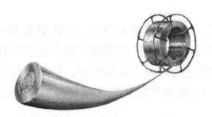

图4-27　药芯焊丝

表4-15　常用药芯焊丝的牌号和性能

焊丝牌号		YJ502	YJ507	YJ507CuCr	YJ607	YJ707
焊缝金属的化学成分（质量分数，%）	C	≤0.10	≤0.10	≤0.12	≤0.12	≤0.15
	Mn	≤0.12	≤0.12	0.5～1.2	1.25～1.75	≤1.5
	Si	≤0.5	≤0.5	≤0.6	≤0.6	≤0.6
	Cr	—	—	0.25～0.6	—	—
	Cu	—	—	0.2～05	—	—
	Mo	—	—	—	0.25～0.45	≤0.3
	Ni	—	—	—	—	≤1.0
	S			≤0.03		
	P					
焊缝力学性能	R_m/MPa	≥490	≥490	≥490	≥490	≥490
	R_{el}/MPa			≥343	≥530	≥590
	A/%	≥22	≥22	≥20	≥15	≥15
	A_k/J	≥28（-20℃）	≥28（-20℃）	≥47（0℃）	≥27（-40℃）	≥27（-30℃）
推荐焊对参数	焊接电流 I/A　φ1.6mm	180～350	150～400	110～350	180～320	200～320
	φ2.0mm	200～400	200～450	220～370	250～400	250～400
	电弧电压 U/V　φ1.6mm	23～30	25～35	22.5～32	28～32	25～32
	φ2.0mm	25～32	25～32	27～32	28～35	28～35
	CO_2流量/L·min^{-1}	15～25	15～20	15～32	15～20	15～20

② 药芯焊丝的分类。

a. 按药芯焊丝横截面形状分类。根据药芯焊丝的截面形状可分为简单断面的 O 形和复杂断面的折叠形两类，折叠形又分为梅花形、T 形、E 形和双层等，如图4-28 所示。

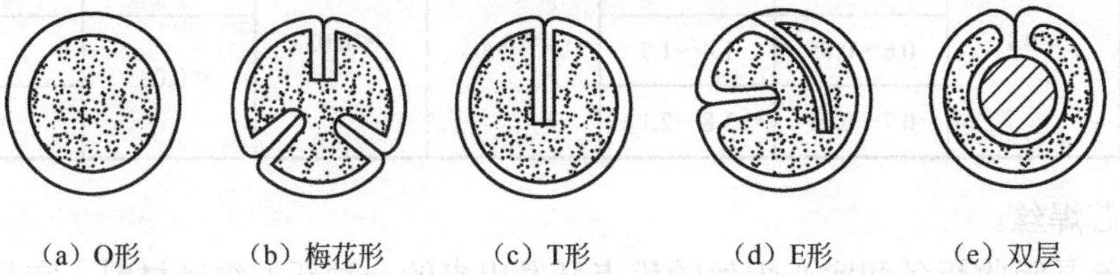

（a）O形　　　（b）梅花形　　　（c）T形　　　（d）E形　　　（e）双层

图4-28　焊丝的截面形状

O 形截面的药芯焊丝分为有缝和无缝药芯焊丝。有缝 O 形截面药芯焊丝又有对接 O 形和搭接 O 形之分，如图 4-29 所示。药芯焊丝直径在 2.0mm 以下的细丝多采用简单 O 形截面，且以有缝 O 形为主。此类焊丝截面形状简单，易于加工，生产成本低，因而具有价格优势。无缝药芯焊丝制造工艺复杂，设备投入大，生产成本高；但无缝药芯焊丝成品丝可进行镀铜处理，焊丝保管过程中的防潮性能及焊接过程中的导电性均优于有缝药芯焊丝。细直径的药芯焊丝主要用于结构件的焊接。

复杂截面形状主要应用于直径在 2.0mm 以上的粗丝。采用复杂截面形状的药芯焊丝，因金属外皮进入到焊丝芯部，一方面对于改善熔滴过渡、减少飞溅、提高电弧稳定性有利；另一方面焊丝的挺度较 O 形截面药芯焊丝好，在送丝轮压力作用下焊丝截面形状的变化较 O 形截面小，对于提高焊接过程中送丝稳定性有利。

复杂截面形状在提高药芯焊丝焊接过程稳定性方面的优势以粗直径的药芯焊丝尤为突出。随着药芯焊丝直径减小，焊接过程中电流密度的增加，药芯焊丝截面形

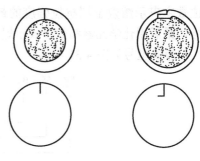

（a）对接O形　　　　（b）搭接O形

图 4-29　有缝 O 形截面的药芯焊丝

状对焊接过程稳定性的影响将减小。焊丝越细，截面形状在影响焊接过程稳定性诸多因素中所占比重越小。粗直径药芯焊丝全位置焊接适应性较差，多用于平焊、平角焊，直径ϕ3.0mm以上的粗丝主要应用于堆焊。

b．按保护气体的种类分类。气体保护焊用药芯焊丝根据保护气体的种类可细分为 CO₂气体保护焊、熔化极惰性气体保护焊、混合气体保护焊及钨极氩弧焊用药芯焊丝。其中 CO₂气体保护焊药芯焊丝主要用于结构件的焊接，其用量大大超过其他种类气体保护焊用药芯焊丝。

由于不同种类的保护气体在焊接冶金过程中的表现行为是不同的，为此药芯焊丝在药芯中所采用的冶金处理方式及程度也不是相同的。因此，尽管被焊金属相同，不同种类气体保护焊用药芯焊丝原则上讲是不能相互替代的。药芯焊丝 CO₂ 气体保护焊的焊接过程如图 4-30 所示。

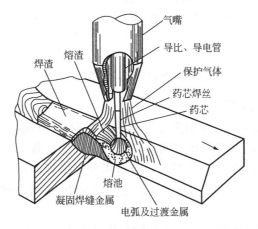

图 4-30　药芯焊丝 CO₂气体保护焊的焊接过程

2. 焊丝的型号与牌号

对于一种焊丝，通常可用型号和牌号来反映其主要性能特征和类别。

（1）焊丝的型号。

焊丝的型号包括焊丝的类别、焊丝的特点（如焊丝熔敷金属抗拉强度、化学成分、保护气体种类等）、焊接位置及焊接电源等。其型号表示的方法为：焊丝型号用字母表示，再用两位数字表示熔敷金属抗拉强度的最低值；接着用字母或数字表示焊丝的化学成分的分类代号，最后用化学元素和数字表示焊丝中含有的主要合金元素成分（无特殊要求可省略）。

焊丝型号如图4-31所示。

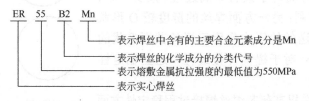

图 4-31　焊丝型号

（2）焊丝的牌号。

焊丝的牌号可由生产厂家制定，也可以由行业组织统一命名。每种焊丝只有一个牌号，但多种牌号的焊丝可以同时对应于一种型号。每一牌号的焊丝必须按国家标准要求，在产品包装上或产品样本上注明该产品是"符合国标""相当国标"或不加标注（即与国标不符），以便用户结合焊接产品的技术要求，对照标准予以选用。

除气体保护焊用碳钢及低合金钢焊丝外，根据相关的规定，实心焊丝的牌号都是以字母"H"开头的，后面以元素符号及数字表示该元素的近似含量。焊丝牌号具体的编制方法如图4-32所示。

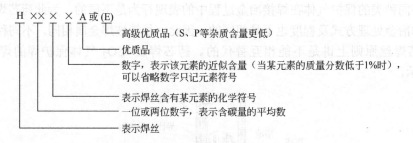

图 4-32　焊丝牌号具体的编制方法

各药芯焊丝的型号如下所述。

① 碳钢药芯焊丝的型号。碳钢药芯焊丝的标准规定，碳钢药芯焊丝型号是根据其熔敷金属力学性能、焊接位置及焊丝类别特点进行划分的。其型号还可根据药芯类型、是否采用外部保护气体、焊接电流种类及对单道焊和多道焊的适用性能进行分类。焊丝型号由焊丝类型代码和焊缝金属的力学性能标注两部分组成。碳钢药芯焊丝的型号编制方法如图4-33所示。

② 低合金钢药芯焊丝的型号。低合金钢药芯焊丝的标准规定，低合金钢药芯焊丝的型号是根据其熔敷金属力学性质、焊接位置、焊丝类别特点及熔敷金属化学成分来进行划分的。低合金钢药芯焊丝的型号编制方法如图4-34所示。

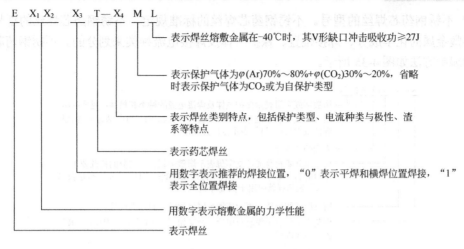

图 4-33 碳钢药芯焊丝的型号编制方法

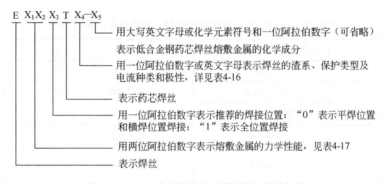

图 4-34 低合金钢药芯焊丝的型号编制方法

表 4-16 低合金钢药芯焊丝类别特点的符号说明

型号	焊丝渣系特点	保护类型	电流类型
E×X_1×X_2×X_3T1—×X_5	渣系以金刚石为主体,熔滴成喷射或细滴过渡	气保护	直流、焊丝接正极
E×X_1×X_2×X_3T4—×X_5	渣系具有强脱硫作用,熔滴成粗滴过渡	自保护	直流、焊丝接正极
E×X_1×X_2×X_3T5—×X_5	氧化钙－氧化氟碱性渣系熔滴成粗滴过渡	气保护	直流、焊丝接正极
E×X_1×X_2×X_3T8—×X_5	渣系具有强脱硫作用	自保护	直流、焊丝接负极
E×X_1×X_2×X_3T×—G	渣系、电弧特性、焊缝成形及极性不做规定		

表 4-17 低合金钢药芯焊丝熔敷金属力学性能

型号	抗拉强度 σ_b/MPa	屈服强度 $\sigma_{0.2}$/MPa	伸长率 δ_5/%
E43×X_3T×X_4—×X_5	410~550	340	22
E50×X_3T×X_4—×X_5	490~620	400	20
E55×X_3T×X_4—×X_5	550~690	470	19
E60×X_3T×X_4—×X_5	620~760	540	17
E70×X_3T×X_4—×X_5	690~830	610	16
E75×X_3T×X_4—×X_5	760~900	680	15
E85×X_3T×X_4—×X_5	830~970	750	14
E×X_1×X_2×X_3T×X_4—G	由供需双方协商		

③ 不锈钢药芯焊丝的型号。不锈钢药芯焊丝的标准规定，不锈钢药芯焊丝的型号是根据其熔敷金属的化学成分、焊接位置、保护气体及焊接电流种类来划分的。不锈钢药芯焊丝型号的编制方法如图4-35所示。

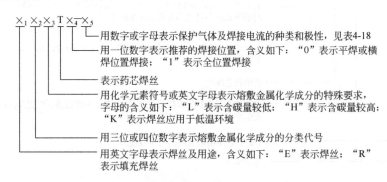

图 4-35　不锈钢药芯焊丝型号的编制方法

表 4-18　不锈钢药芯焊丝保护气体、电流类型及焊接方法

型号	保护气体（体积分数，%）	电流类型	焊接方法
$E\times_1\times_2\times_3T\times_4-1$	CO_2		
$E\times_1\times_2\times_3T\times_4-3$	无（自保护）	直流反接	FCAW
$E\times_1\times_2\times_3T\times_4-4$	$Ar75\sim80+CO_225\sim20$		
$R\times_1\times_2\times_3T1-5$	$Ar100$	直流正接	GTAW
$E\times_1\times_2\times_3T\times_4-G$	不规定	不规定	FCAW
$R\times_1\times_2\times_3T1-G$			GTAW
注：FCAW 为药芯焊丝电弧焊，GTAW 为钨极惰性气体保护焊			

药芯焊丝牌号是由生产的厂家自行编制的，随着药芯焊丝不断应用的广泛，为了方便用户的选用，药芯焊丝在牌号上做了统一的规定。但各生产厂家为了与其他厂家区别开，通常在国家制定的统一牌号前面冠以企业名称代号。国家制定的统一牌号编制方法如图4-36所示。

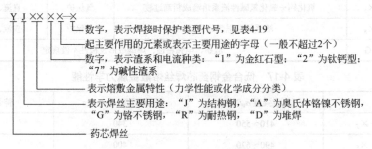

图 4-36　国家制定的统一牌号编制方法

表 4-19　保护类型代号

牌号	保护类型	牌号	保护类型
YJ×××－1	气保护	YJ×××－3	气保护与自保护两用
YJ×××－2	自保护	YJ×××－4	其他保护形式

3. 焊丝的选用与储存保管

（1）焊丝的包装要求。

为加强质量管理与确保焊接质量，国标中对焊丝的包装提出了明确的要求。要求每个焊丝包装上应标明焊丝型号、标准号、规格、批号、检验号、净质量、制造厂商名、厂址、生产日期等。

对于直长形焊丝，一般切断长度为 1000mm，用纸筒或塑料筒包装。有的焊丝上采用印字或用冲模直接冲出焊丝的牌号，以防使用中发生混乱、用错等问题。

对于盘装气体保护焊用焊丝，其包装方式有塑料盘、带内撑焊丝卷或金属架等多种形式。外面再用防潮包装纸、塑料膜或铝膜等密封包装。以防潮气进入而导致焊丝生锈，如图 4-37 所示。

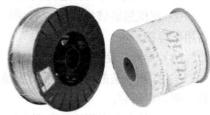

图 4-37　焊丝的包装

（2）焊丝的选用。

CO_2 气体保护焊丝的选用，需根据焊件母材的化学成分、焊接方法、焊接接头的力学性能、焊接结构的约束度、焊件焊后能否进行热处理及焊缝金属的耐高温、耐低温、耐腐蚀等使用条件进行综合考虑，然后经过焊接工艺的评定，符合焊接结构的技术要求后予以确定。

① 实心焊丝的选用。采用 CO_2 气体保护焊焊接热轧钢、正火钢及焊态下使用的低碳调质钢时首先考虑的是焊缝金属力学性能与焊缝母材相接近或相等；其次考虑焊缝金属的化学成分与焊缝母材化学成分是否相同。

焊接强度大的焊接结构时，为防止产生焊接裂纹，可采用低匹配原则，即选用焊缝金属的强度稍低于焊件母材的强度。按等强度要求选用焊丝时，应充分考虑焊件的板厚、接头形式、坡口形状、焊缝的分布及焊接热输入等因素对焊缝金属力学性能的影响。

焊接中碳调质钢时，在严格控制焊缝金属中硫、磷等杂质含量的同时，还应该确保焊缝金属主要合金成分与母材合金成分相近，以保证焊后调质时，能获得焊缝余属的力学性能与母材一致。焊接两种强度等级不同的母材时，应该根据强度等级低的母材连择焊丝，焊缝的塑性不应低于较低塑性的母材，焊接参数的制定应适合焊接性较差的母材。

② 药芯焊丝的选用。碱性药芯焊丝焊接的焊缝金属的塑性、韧性和抗裂性好，碱性熔渣相对流动性较好，便于焊接熔池、熔渣之间的气体逸出，减小焊缝生成气孔的可能。

碱性熔渣中的氟化物（CaF_2 等）可阻止氧溶解到焊接熔池中，使焊缝中扩散氢含量很低，所以，碱性药芯焊丝对表面涂有防锈剂的钢板具有较强的抗气孔和抗凹坑能力，对涂有氧化铁型和硫化物型涂料底漆的钢板也有较好的焊接效果，但其不足之处如下所述。

● 焊道成凸形，飞溅较大。

● 焊接过程中，焊丝熔滴呈粗颗粒过渡。

● 焊接熔渣的流动性太大，不容易实现全位置的焊接。

● 焊接过程中，很容易造成未熔合等缺陷。

（3）焊丝的储存与保管。

① 在仓库中储存未打开包装的焊丝，库房的保管条件为：室温 10～15℃（最高为 40℃）

以上，最大相对湿度为 60%。

② 存放焊丝的库房应该保持空气的流通，没有有害气体或腐蚀性介质。

③ 焊丝应放在货架上或垫板上，存放焊丝的货架或垫板距离墙或地面的距离应不小于 250mm，防止焊丝受潮。

④ 进库的焊丝，每批都应有生产厂商的质量保证书和产品质量检验合格证书。焊丝的内包装上应有标签或其他方法标明焊丝的型号、国家标准号、生产批号、检验员号、焊丝的规格、净质量、制造厂商的名称及地址、生产日期等。

⑤ 焊丝在库房内应按类别、规格分别堆放，防止混用、误用。

⑥ 尽量减少焊丝在仓库内的存放期限，按"先进先出"的原则发放焊丝。

⑦ 发现包装破损或焊丝有锈迹时，要及时通报有关部门，经研究、确认之后再决定是否用于焊接。

（4）焊丝在使用中的保管。

① 打开包装的焊丝，要防止油、污、锈、垢的污染，保持焊丝表面的洁净、干燥，并且在两天内用完。

② 焊丝当天没用完，需要在送丝机构内过夜时，要用防雨雪的塑料布等将送丝机构（或焊丝盘）罩住，以减少与空气中潮湿气体接触。

③ 焊丝盘内剩余的焊丝若在 2 天以上的时间不用时，应该从焊机的送丝机内取出，放回原包装内，并将包装的封口密封，然后再放入有良好保管条件的焊丝仓库内。

④ 对于受潮较严重的焊丝，焊前应烘干，烘干温度为 120～150℃，保温时间为 1～2h。

任务 3　CO_2 气体保护焊主要参数的选择

本任务主要介绍 CO_2 气体保护焊焊接参数及其选择，这是焊接生产中不可忽视的一个重要问题，教师在讲授时，应以焊缝形状、尺寸、焊接质量和生产率这些生产实际中能影响焊接参数合理选择的问题为主要内容进行讲解，以使学生对 CO_2 气体保护焊焊接参数有更为感性的认识和理解。

一、焊丝直径的选择

焊丝直径越大，允许使用的焊接电流就越大，通常应根据焊件厚度、施焊位置及生产效率的要求来选择。当焊接薄板或中厚板的立、横、仰焊时，多采用直径 1.6mm 以下的焊丝；在平焊位置焊接中厚板时，可以采用直径 1.2mm 以上的焊丝。

焊丝的选择见表 4-20。

表 4-20　焊丝的选择

焊丝直径/mm	焊件厚度/mm	焊缝位置	熔滴过渡形式
0.8	1.0～3.0	全位置	短路过渡
1.0	1.5～6.0	全位置	短路过渡
1.2	2.0～12.0	全位置	短路过渡
	中厚	平焊、横焊	颗粒过渡

焊丝直径/mm	焊件厚度/mm	焊缝位置	熔滴过渡形式
1.6	5.0～25.0	全位置	短路过渡
	中厚	平焊、横焊	颗粒过渡
2.0	中厚	平焊、横焊	颗粒过渡

焊丝直径对熔深的影响如图 4-38 所示。当焊接电流相同时，熔深将随焊丝直径的减小而增加。焊丝直径对焊丝的熔化速度也有明显的影响，当焊接电流相同时，焊丝越细，则熔敷速度越高。

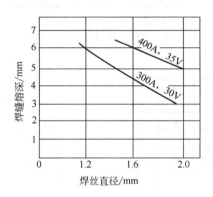

图 4-38　焊丝直径对熔深的影响

二、焊接电流的选择

焊接电流是重要的焊接参数之一，应根据焊件的板厚、材质、焊丝直径、施焊位置及要求的熔滴过渡形式来选择焊接电流的大小，焊丝直径与焊接电流的关系见表 4-21。

表 4-21　焊丝直径与焊接电流的关系

焊丝直径/mm	焊接电流/A	选用板厚/mm
0.6	40～100	0.6～1.6
0.8	50～150	0.8～2.3
1.0	90～250	1.2～6
1.2	120～350	2.0～10
1.6	300 以上	6.0 以上

每种直径的焊丝都有一个合适的焊接电流范围，只有在这个范围内焊接过程才能稳定进行。通常直径为 0.8～1.6mm 的焊丝，短路过渡时的焊接电流在 40～230A 内选择；细颗粒过渡时的焊接电流在 250～500A 内选择。

当电源外特性不变时，改变送丝速度，此时电弧电压几乎不变，焊接电流发生变化，送丝速度越快，焊接电流越大。在相同的送丝速度下，随着焊丝直径的增加，焊接电流也增加。焊接电流的变化对熔池深度有决定性影响，随着焊接电流的增大，熔深显著地增加，熔宽略有增加，如图 4-39 所示。

焊接电流对熔敷速度及熔深的影响，如图 4-40、图 4-41 所示。

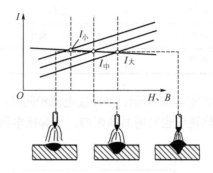

图 4-39　焊接电流对焊缝成形的影响

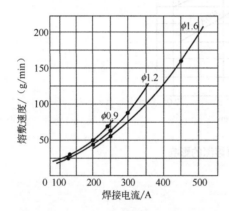

图 4-40　焊接电流对熔敷速度的影响

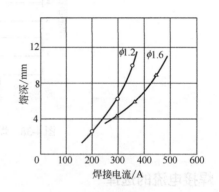

图 4-41　焊接电流对熔深的影响

由图 4-40、图 4-41 可见，随着焊接电流的增加，熔敷速度和熔深都会增加。但焊接电流过大时，容易引起烧穿、焊漏和产生裂纹等缺陷，且焊件的变形大，焊接过程中飞溅很大；而在焊接电流过小时，又易产生未焊透、未熔合和夹渣等缺陷及焊缝成形不良。通常在保证焊透、成形良好的条件下，尽可能地采用大的焊接电流，以提高生产效率。

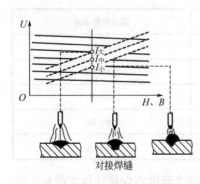

图 4-42　电弧电压对焊缝成形的影响

三、电弧电压的选择

送丝速度不变时，调节电源外特性，焊接电流没什么变化，但弧长会发生变化，电弧电压也会发生变化。电弧电压对焊缝成形的影响如图 4-42 所示。

为保证焊缝成形良好，电弧电压必须与焊接电流匹配。即焊接电流小时，电弧电压应较低；焊接电流大时，电弧电压应较高。在焊接打底焊缝或空间焊缝时，常采用短路过渡方式，在这种方式下，电弧电压和焊接电流的关系如图 4-43 所示，通常电弧电压为 17～24V。

从图 4-43（b）中可看出，焊接电流增大，电弧电压也随之增大。电弧电压过高或过低对电弧的稳定性、焊缝成形及飞溅、气孔的产生都有不利的影响。

CO_2 气体保护焊焊接过程中，焊接电流与电弧电压之间的匹配是严格的，一般只有一个最佳电弧电压值。焊接电流与电弧电压的匹配值见表 4-22。

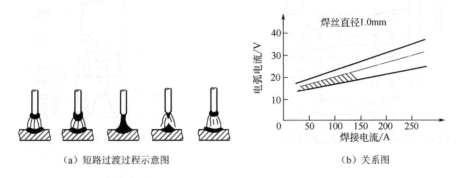

（a）短路过渡过程示意图　　　　　　　　（b）关系图

图 4-43　短路过渡方式下电弧电压与焊接电流的关系

表 4-22　焊接电流与电弧电压的匹配值

焊接电流范围/A	电弧电压/V	
	平焊	横焊、立焊、仰焊
75～120	18～19	18～9
130～170	19～23	18～21
180～210	20～24	18～22

四、焊接速度的选择

在焊丝直径、焊接电流和电弧电压一定的条件下，随着焊接速度的增加，焊缝宽度与焊缝厚度减小。焊速过快，不仅气体保护效果变差，还可能出现气孔和产生咬边及未熔合等缺陷；焊速过慢，则焊接效率低，焊接变形增大，半自动焊时的焊接速度一般为 15～40m/h。焊接速度对焊缝成形的影响如图 4-44 所示。

五、焊丝伸出长度的选择

焊丝的伸出长度是指导电嘴端头到焊丝端头的距离，它取决于焊丝的直径，如图 4-45 所示。保证焊丝的伸出长度不变是保证焊接过程稳定的基本条件之一，当送丝速度不变时，焊丝伸出太长，焊丝的预热作用越强，就会造成整段焊丝熔断，飞溅严重，气体保护效果差；伸出过短，电阻预热作用小，不但会造成飞溅物堵塞喷嘴，影响保护效果，也影响焊工的视线。焊丝伸出长度对焊缝成形的影响如图 4-46 所示。

对于不同直径、不同材质的焊丝，其允许伸出长度是不同的，可按表 4-23 选择。

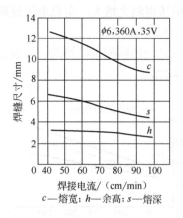

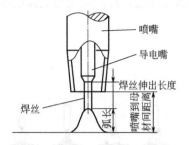

图 4-44 焊接速度对焊缝成形的影响　　　　图 4-45 焊丝伸出长度示意图

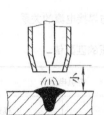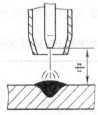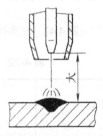

图 4-46 焊丝伸出长度对焊缝成形的影响

表 4-23 焊丝伸出长度的允许值

焊丝直径/mm	焊丝牌号	允许伸出值/mm	焊丝直径/mm	焊丝牌号	允许伸出值/mm
0.8	H08Mn2Si	6～12	0.8	H06Cr19Ni9Ti	5～9
1.0		7～13	1.0		6～11
1.2		8～15	1.2		7～12

六、CO_2 的气体流量

CO_2 的气体流量应根据焊接电流、焊接速度、焊丝伸出长度及喷嘴直径等来选择，过大或过小的气体流量都会影响气体的保护效果。

通常在细丝焊接时，CO_2 气体流量为 5～15L/min；粗丝焊接时，其流量为 15～25L/min。气体流量过大时，气流紊流度增大，造成外界空气卷入焊接区，产生气孔等缺陷。

七、喷嘴与焊件间距离的选择

喷嘴与焊件间的距离应根据焊接电流来选择，如图 4-47 所示。

八、焊枪倾角的选择

当焊枪倾角小于 10°时，不会对焊接造成大的影响，但当倾角过大时，熔宽会增加，熔深也会减小，飞溅的产生也增加了。

焊枪倾角对焊缝成形的影响如图 4-48 所示，当焊枪与焊件成后倾角时，焊缝变窄，余高增大，熔深增大，焊缝成形不好；当焊枪与焊件成前倾角时，焊缝变宽，余高也小，熔深较浅，焊缝成形也好。

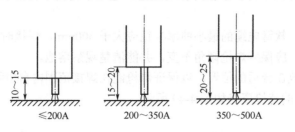

图 4-47　喷嘴与焊件间的距离和焊接电流的关系

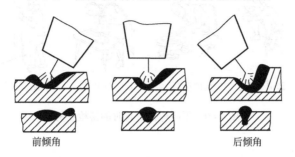

图 4-48　焊枪倾角对焊缝成形的影响

九、接头的坡口尺寸和装配间隙

由于 CO_2 焊有颗粒状过渡和短路过渡两种形式，因此对坡口的要求也不一样。颗粒状过渡时，电弧穿透大，熔深大，易烧穿，因而坡口角度应开得小些，钝边应适当大些。装配间隙要求严格，对接间隙不能超过 1mm。对地直径 1.6mm 的焊丝钝边可为 4～6mm，坡口角度可在 45° 左右。

短路过渡时，熔深浅，因而钝边应减小，也可不留钝边，间隙则可大些。要求高时，装配间隙应不大于 1.5mm，根部上、下错边允许浮动±1mm。

CO_2 半自动焊时的坡口精度虽不像自动焊要求那样严格，但精度较差时，也容易产生烧穿或未熔合，因此必须注意精度。若坡口精度很差时，应进行修整或重新加工。

任务 4　CO_2 气体保护焊操作

熟悉和掌握 CO_2 气体保护焊的操作，是本任务的重点。除了对必要知识点的重点讲解外，还必须对操作过程与技能进行示范演示，并在演示过程中安排学生学习并模仿，对出现的问题及时指出、纠正，同时在训练过程中加强指导。

一、焊接的基本方法

1. 焊接操作工作位置的组织

（1）持枪姿势的选择。

CO_2 气体保护焊的焊枪和软管电缆质量不轻，再加上焊接是连续工作，因此操作时较为吃力。为长时间生产、减小体力消耗，操作者应根据焊接位置选择正确的持枪姿势，以保证工作顺利进行。正确的持枪姿势应满足以下条件。

① 操作时用身体某个部位承担焊枪的重量，通常手臂处于自然状态，手腕能灵活带动焊枪平移或转动。

② 焊接过程中，软管电缆的最小曲率半径应大于300mm，焊接时可随意拖动焊枪。

③ 焊接过程中，应保持焊枪倾角不变，并能清楚观察熔池。

④ 送丝机构应放在合适的位置，以保证焊枪能在焊接范围内自由移动。

不同焊接位置时的持枪姿势如图4-49所示。

(a)蹲位平焊   (b)坐位平焊   (c)立位平焊   (d)站位立焊

图4-49　不同焊接位置时的持枪姿势

（2）脚步的移动。

CO_2焊是连续工作的，几米长的焊缝通常要一气呵成，这就需要焊工以平稳的脚步来移动工位。

如图4-50所示，是焊接时脚步的移动姿势，脚步移动时要把握焊枪不晃动。

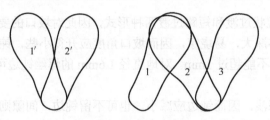

图4-50　焊接时脚步移动的姿势

2. 引弧

CO_2气体保护焊是采用碰撞法引弧的，如图4-51所示。

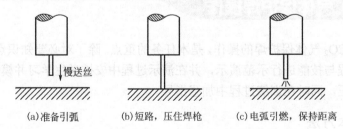

(a)准备引弧   (b)短路，压住焊枪   (c)电弧引燃，保持距离

图4-51　CO_2气体保护焊的引弧过程

① 引弧前先按遥控盒上的点动送丝开关，点动送出一段焊丝，根据焊接时采用的喷嘴高度剪掉多余的部分，为便于引弧，最好将焊丝前端剪成斜面。另外，焊丝伸出长度应小于喷嘴与工件间应保持的距离，超长部分应剪去，如图4-52所示。若焊丝的端部呈球状时，必

须预先剪去，否则引弧困难。

②　将焊枪放在引弧处，使喷嘴与工件间保持适当的高度。但应注意焊丝端部不能与工件接触，如图 4-53 所示，喷嘴的高度由焊接电流决定。

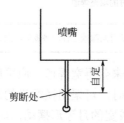

图 4-52　引弧前剪去超长的焊丝

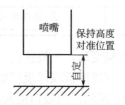

图 4-53　准备引弧对准引弧的位置

③　按焊枪上的控制开关，焊机按选定的程序自动提前送气，延时接通电源，保持高电压，慢速送丝。当焊丝碰到焊件后，自动引燃电弧。如果焊丝碰到焊件与焊件短路未能引燃电弧，焊枪会有自动顶起的可能，这时要稍用力压住焊枪，防止因焊枪抬起太高电弧拉长而自动熄灭。

④　重要产品进行焊接时，为消除在引弧时产生飞溅、烧穿、气孔及未焊透等缺陷，可采用引弧板，如图 4-54 所示。

⑤　不采用引弧板而直接在焊件端部引弧时，可在焊缝始端前 15～20mm 处引弧后，立即返回始焊点开始焊接，如图 4-55 所示。

图 4-54　使用引弧板

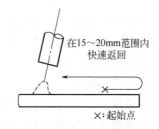

图 4-55　倒退弧法

3. 焊枪的摆动方式

CO₂ 气体保护焊进行焊接时，焊枪要保持摆幅和摆动频率一致的横向摆动。为控制坡口两侧的熔合情况和焊缝的宽窄，CO₂ 气体保护焊焊枪也要做横向摆动。焊枪摆动的形式与适用范围见表 4-24。

表 4-24　焊枪摆动的形式与适用范围

摆动方式	图示	适用范围
直线移动	←	间隙小时的薄板或厚板的打底焊道
锯齿形	〜〜〜	间隙大时的中厚板打底层焊道
	〜〜〜	中厚板第二层以上的填充焊道
斜圆圈形	lll	堆焊或 T 形接头多层焊第一层焊道

摆动方式	图示	适用范围
8字形		坡口大时的填充焊道
往返摆动	⑧ ⑥ ⑦ ④ ⑤ ② ③　　①	薄板根部有间隙或工件间垫板间间隙大时采用

为减小焊接变形，一般情况下都不采用大的横向摆动来获得宽焊道，应采用多层多道焊来焊接厚板。焊接薄板或厚板打底焊道，坡口面间距较小时，可采用摆幅窄的锯齿形摆动，如图4-56（a）所示；当坡口面间距较大时，则采用摆幅较宽的月牙形摆动，如图4-56（b）所示。

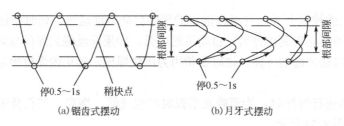

(a) 锯齿式摆动　　　　　　　　(b) 月牙式摆动

图4-56　CO_2气体保护焊的摆动方式

4. 焊枪与焊件的相对位置

CO_2气体保护焊过程中，控制好焊枪与焊件的相对位置，不仅可以控制焊缝成形，还可以调节熔深，对保证焊接质量有特别重要的意义。其内容有控制好喷嘴高度、焊枪的倾斜角度、电弧的对中位置和摆幅。

（1）控制好喷嘴高度。

在保护气流量不变的情况下，喷嘴高度越大，保护效果就越差。喷嘴高度越大，观察熔池越方便，需要保护的范围越大，焊丝伸出长度越大、焊接电流对焊丝的预热作用越大，焊丝熔化越快，焊丝端部摆动越大，保护气流的扰动越大，因此要求保护气的流量越大；喷嘴高度越小，需要的保护气流量小，焊丝伸出长度短。

焊接前都预先调整好焊接参数，但操作过程中，随着坡口钝边、装配间隙的变化，需要调节焊接电流。在特定情况下，可通过改变喷嘴高度、焊枪倾角等方法，来调整焊接电流和电弧功率分配等办法，以控制熔深和焊接质量。其操作方法的原理：通过控制电弧的弧长，改变电弧静特性曲线的位置，改变电弧稳定燃烧工作点，达到改变焊接电流的目的。

弧长增加时，电弧的静特性曲线左移，电弧稳定燃烧的工作点左移，焊接电流减小。电弧电压稍提高，电弧功率减小，熔深减小；弧长降低时，电弧的静特性曲线右移，电弧稳定燃烧工作点右移，焊接电流增加，电弧电压稍降低，电弧的功率增加，熔深增加。

在特定情况下，焊接过程中通过改变喷嘴高度，不仅可以改变焊丝的伸出长度，而且还可以改变电弧的弧长。随着弧长的变化可以改变电弧静特性曲线的位置，可以改变电弧稳定燃烧的工作点、焊接电流、电弧电压和电弧的功率，达到控制熔深的目的。

若喷嘴高度增加，焊丝伸出长度和电弧会变长，焊接电流减小，电弧电压稍提高，热输入减小，熔深减小；若喷嘴高度降低，焊丝伸出长度和电弧会变短，焊接电流增加，电弧电压稍降低，热输入增加，则熔深变大。

由此可见，在特定的情况下，除了可以改变焊接速度外，还可以用改变喷嘴高度的办法调整熔深。在焊接过程中若发现局部间隙太小、钝边太大的情况，可适当降低焊接速度，或降低喷嘴高度，或同时降低二者增加熔深，保证焊透。若发现局部间隙太大，钝边太小时，可适当提高焊接速度，或提高喷嘴高度，或同时提高二者。

（2）控制好焊枪的倾斜角度。

焊枪的倾斜角度不仅可以改变电弧功率和熔滴过渡的推力在水平和垂直方向的分配比例，还可以控制熔深和焊缝形状。

由于气体保护焊的电流密度比焊条电弧焊大得多（一般情况下大20倍以上）。电弧的能量密度大。操作时还需注意以下几个问题。

① 由于前倾焊时，电弧永远指向待焊区，预热作用强，焊缝宽而浅，成形较好。因此CO_2气体保护焊及熔化极气体保护焊都采用左向焊，自右向左焊接。平焊、平角焊、横焊都采用左向焊。立焊则采用自下向上焊接。仰焊时为了充分利用电弧的轴向推力促进熔滴过渡采用右向焊。

② 前倾焊时$\alpha > 90°$（即左焊法时），α角越大，熔深越浅；后倾角（即右焊法时）$\alpha < 90°$，α角越小，熔深越浅。

（3）控制好电弧的对中位置和摆幅。

电弧的对中位置实际上是摆动中心。它和接头形式、焊道的层数和位置有关。

5. 接头

在采用CO_2气体保护焊进行焊接时，为保证接头质量，需按下面的操作步骤进行。

① 要将焊接接头处用角向磨光机打磨成斜面，如图4-57（a）所示。

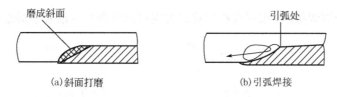

磨成斜面　　　　　　　　　　　引弧处

(a)斜面打磨　　　　　　　　　　(b)引弧焊接

图4-57　接头

② 在斜面顶部进行引弧，引燃电弧以后，将电弧移至斜面底部，转一圈后返回引弧处再继续向左焊接，如图4-57（b）所示。

接头的焊接操作主要是预热接头面，要保证熔合良好，待电弧移至接头区前端时，稍向下压焊枪，待出现熔孔后再进行正常焊接。如未能出现熔孔就开始往前焊，接头背面就不会焊透。

6. 收弧

焊接结束时必须收弧，如果收弧不当，容易产生弧坑，并出现弧坑裂纹（火口裂纹）、气孔等缺陷。操作时可以采取以下措施。

① 如果CO_2焊机有"弧坑"控制电路，则焊枪在收弧处停止前进，同时接通此电路，焊接电流与电弧电压自动衰减，待熔池填满后断电。

② 如果CO_2焊机没有"弧坑"控制电路或没有使用"弧坑"控制电路时，在收弧处焊枪停止前进，并在熔池未凝固时，反复断弧、引弧几次，直到弧坑填满为止。操作时动作要迅速，如果等到熔池已凝固才引弧，会增加引弧难度，而且还可能产生未熔合等缺陷。

无论采取何种方法收弧，操作时需要特别注意，收弧时焊枪除停止前进外，还不能抬高喷嘴。即便弧坑已经填满，电弧也已熄灭，也要让焊枪在弧坑处停留几秒钟，待熔池完全凝固后才能移开焊枪。如果收弧时抬高焊枪，则容易因保护不良而产生缺陷。灭弧后，控制线路延迟送气一段时间后，可保证熔池凝固时能得到可靠的保护。

7. 定位焊

采用 CO_2 气体保护焊焊接时电弧的热量较焊条电弧焊大，要求定位焊缝有足够的强度，既要熔合好，其余高又不能太高，还不能有缺陷。通常定位焊缝都不磨掉，仍保留在焊缝中，焊接过程中很难全部重熔。这就要求焊工按焊接正式焊缝的工艺要求来焊接定位焊缝，保证定位焊缝的质量。

对于薄板，其定位焊缝如图 4-58 所示；对于中厚板，应在焊件两端装引弧板和引出板，其定位焊缝如图 4-59 所示。

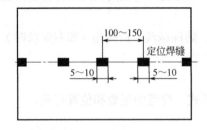

图 4-58　薄板的定位焊缝

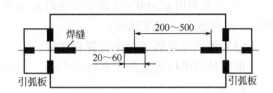

图 4-59　中厚板的定位焊缝

8. 左焊法与右焊法

CO_2 气体保护焊焊接时，根据焊枪的移动方向可以分为左焊法和右焊法，如图 4-60 所示。

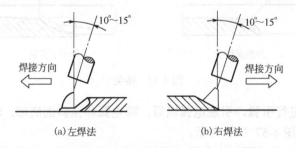

(a) 左焊法　　　　　(b) 右焊法

图 4-60　左、右焊法

在采用左焊法进行焊接时，喷嘴不会挡住视线，能够很清楚地看见焊缝，不容易焊偏，而且熔池受到的电弧吹力小，能得到较大熔度，焊缝成形较美观。因此，这种焊接方法被普遍采用。采用右焊法时，熔池的可见度及气体保护效果较好，但因焊丝直指熔池，电弧将熔池中的液态金属向后吹，容易造成余高和焊波过大，影响焊缝成形，而且焊接时喷嘴挡住了待焊的焊缝，不便于观察焊缝的间隙，容易焊偏。

二、CO_2 单面焊双面成形操作技术

采用 CO_2 气体保护焊时，重要的焊缝都要求焊透，有些不能在背面施焊时，就必须采用单面焊双面成形施焊。

1. 焊件坡口及装配间隙

在采用 CO_2 气体保护焊单面焊双面成形方法时，焊接 2mm 以下的薄板，采用 I 形坡口，装配间隙在 0.5mm 左右；焊接中厚板时，采用 V 形坡口，钝边≤0.5mm，装配间隙为 3～4mm。焊接时采用小钝边是关键，既容易熔化，保证焊道背面熔合好，又控制了熔池的大小。即使小钝边两侧熔化 1mm，熔化体积不大，也容易成形。

2. 单面焊双面成形技术操作要领及步骤

（1）操作要领。

① 小电流，低电压，采用短路过渡形式的焊接工艺参数。

短路过渡时，电弧一明一灭，熔池得到的热量较小，不容易烧穿，而且在电磁力的作用下，强迫熔滴过渡到熔池中，可在空间任何位置施焊，都能保证背面焊道成形美观、均匀。

② CO_2 气体保护焊单面焊双面成形都采用连弧焊操作法。

打底焊时，通常采用锯齿形摆动方式，摆幅由坡口面间距离和间隙大小来决定。但要注意的是焊枪的摆动速度是变化的，电弧摆到坡口面上时停留约 0.5 秒，刚开始摆动时速度较慢，通过装配间隙时速度较快，摆到坡口的另一面时，速度渐慢，最后停止摆动，停留约 0.5 秒后回摆，如此反复操作。

③ 熔孔的大小决定背面焊道的宽窄和高低，控制熔孔直径是保证焊道背面成形的关键。通常熔孔长径每边比间隙宽 0.5～1.0mm（熔孔是椭圆形，长径决定焊道宽度）。

（2）操作步骤。

① 先在试板上调节好焊接参数。焊接电流可大可小，电弧电压与选定的电流匹配，只要在短路过渡范围内即可。

② 对焊件进行预热。生产时，无论在右边哪条定位焊缝上引弧都可以。

③ 当定位焊缝表面开始熔化时，会出现细小的熔珠，此时要将电弧移到定位焊缝的左端，并向下压低电弧，待听到"扑哧"声时，说明熔孔已经形成，待熔孔大小合适时，应立即开始摆动焊枪，转入正常焊接。

④ 熔孔出现后，立即转入焊接。

> **提　示**
>
> ① 用焊枪的摆幅来控制熔孔的大小。
> ② 控制好电弧的位置。
> ③ 要仔细观察熔池。防止烧穿。
> ④ 要注意调整焊接速度及焊枪状态（包括焊枪的角度和喷嘴的高低）。
> 这些因素可单独调节也可同时调节，即可达到改变焊接电流和熔深的目的，才能保证焊接生产的效率和质量。

三、CO_2焊各种位置焊接操作要领

1. 平焊操作

平焊是一种最有利于焊接操作的空间位置。由于焊缝处于焊缝倾角为 0°、转角为 90°的焊接位置，熔滴过渡容易，熔池形状也易于控制，焊缝成形较好，操作较易掌握，其焊接

速度快，生产率较高，且焊接时是俯视操作，劳动强度相对较小，操作者不易疲劳。

平焊分为对接平焊和角接平焊两种。

（1）对接平焊。

① 不开坡口对接平焊。当板厚小于 6mm 时，一般采用不开坡口的单层单道双面对接平焊。其操作要领如下所述。

a．焊缝的坡口形式为 I 形，如图 4-61 所示。

b．施焊时采用左焊法或右焊法均可。

c．焊丝伸出长度为焊丝直径的 10 倍，气体流量为 10～15L/min。

d．电弧的运弧方式为直线形或锯齿形横向摆动。

e．焊枪与焊件表面角度呈 90°；右焊时，焊枪与焊缝的前倾夹角为 15°～85°；左焊时，焊枪与焊缝的后倾夹角为 75°～85°，如图 4-62 所示。

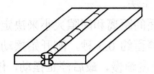

图 4-61　不开坡口对接平焊

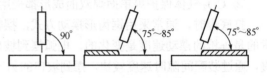

图 4-62　对接平焊焊枪角度

f．正、背面焊缝时，焊接熔深应达到焊件厚度的 2/3，同时要保证正背面焊缝交界处有 1/3 的重叠，以保证焊件焊透。焊完后的正背面焊缝余高为 0～3mm，焊缝宽度为 8～10mm，焊缝熔深、余高及宽度如图 4-63 所示。

② 开坡口的对接平焊。当板厚大于 6mm 时，电弧的热量很难熔透焊缝根部，为保证焊件焊透，必须开坡口。开坡口的对接平焊，一般采用多层单道双面焊、多层多道双面焊和多层单道单面焊双面成形、多层多道单面焊双面成形等方法。

a．多层单道双面焊。多层单道双面焊包括打底层焊、封底层焊、填充层焊和盖面层焊。其中每一层焊缝都为单道焊缝，如图 4-64 所示。

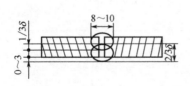

图 4-63　焊缝熔深、余高及宽度

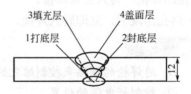

图 4-64　多层单道双面焊

定位焊缝在焊件两端头进行，装配间隙始焊处为 2mm，终焊处为 2.5mm．气体流量为 l0～15L/min。

打底层焊时，焊接电流、焊接速度及运弧方法等可视坡口间隙大小情况而定。可采用直线或锯齿形横向摆动运弧法，注意坡口两侧熔合并防止烧穿。

封底层焊时，将焊件背面熔渣等污物清理干净后进行焊接，操作要领与不开坡口对接平焊相同。

填充层焊时，焊接电流适当加大，电弧横向摆动的幅度视坡口宽度的增大而加大。焊完后的填充层焊缝应比母材表面低 1～2mm，这样在盖面层焊接时能看清破口，保证盖面层焊缝边缘平直，焊缝与母材圆滑过渡。

盖面层焊时，电弧横向摆动的幅度随坡口宽度的增大而继续加大，电弧摆动到坡口两侧时应稍作停顿，使坡口两侧温度均衡，焊缝熔合良好，边缘平直。焊完后的盖面层焊缝应宽窄整齐，高低平整，波纹均匀一致。

b. 多层单道单面焊双面成形。多层单道单面焊双面成形包括打底层焊、填充层焊和盖面层焊。其中打底层焊是单面焊接，正背面双面成形，而背面焊缝为正式表面焊缝，如图 4-65 所示。

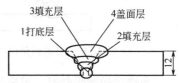

图 4-65　多层单道单面焊双面成形

打底层焊时，定位焊缝在焊件两端头进行，装配间隙始焊处为 3mm，终焊处为 3.5mm。采用焊接电流为 100A，电弧电压为 19V，焊接时，注意调整焊枪角度，要把焊丝送入坡口根部，以电弧能将坡口两侧钝边完全熔化为好。要认真观察熔池的温度、熔池的形状和熔孔的大小。熔孔过大，背面焊缝余高过高，甚至形成焊瘤或烧穿。熔孔过小，坡口两侧根部易造成未焊透缺陷。

（2）角接平焊。

角接平焊是指 T 形接头平焊和搭接接头平焊。角接平焊焊缝处于焊缝倾角为 0°、180°，焊缝转角为 45°、135° 的焊接位置。角接平焊常采用的坡口形式主要有 I 形、K 形和单边 V 形等。

① 不开坡口的角接平焊。当板厚小于 6mm 时，一般采用不开坡口的两侧单层单道角接平焊。

a. 焊缝的坡口形式为 I 形，如图 4-66 所示。

b. 当焊接同等板厚单层单道角接平焊时，焊枪与两板之间角度为 45°，焊枪的后倾夹角为 75°～85°，如图 4-67 所示。当焊接不同板厚时还必须根据两板的厚度来调节焊枪的角度。一般焊枪角度应偏向厚板 5° 左右。

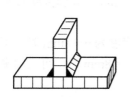

图 4-66　不开坡口角接平焊

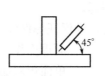

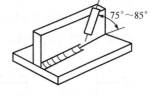

图 4-67　角接平焊焊枪角度

② 开坡口的角接平焊。当板厚大于 6mm 时，电弧的热量很难熔透焊缝根部，为了保证焊透，必须开坡口。

a. 采用单层双面焊，如图 4-68 所示。

b. 施焊时，由于熔滴下垂焊缝熔合不良，焊枪角度应稍偏向坡口面 3°～5°，控制好熔池温度和熔池形状及尺寸大小，随时根据熔池情况调整焊接速度。

③ 船形焊。在焊接 T 形角接焊缝时，把焊件的平角焊缝置于水平焊缝位置进行的焊接称为船形焊。

a. 船形焊时，T 形角接焊件的翼板与水平面夹角呈 45°，焊枪与腹板的角度则为 45°，如图 4-69 所示。

b. 焊接时的操作要领与平焊相同。船形焊既能避免平角焊时易产生的咬边、焊瘤、未熔合等缺陷，又可以采用较大电流和大直径焊丝焊接，不但能得到较大熔深，而且能大大提高焊接生产率，获得良好的经济效益。

2. 横焊操作

（1）不开坡口的焊件对接横焊。

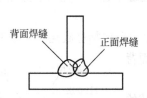

图 4-68　开坡口角接双面焊

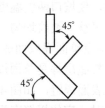

图 4-69　船形焊

当焊接较薄焊件时，可采用不开坡口的对接双面横焊方法。

① 坡口形式采用 I 形坡口。

② 施焊时，焊枪与焊缝角度呈 80°～90°，焊枪的后倾夹角如图 4-70 所示。

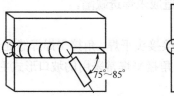

图 4-70　不开坡口焊件对接横焊焊枪后倾夹角

③ 电弧可采用直线形或小锯齿形上下摆动方法进行焊接。焊件较厚时，电弧采用斜画圈方法进行焊接。

④ 正背面焊缝时，焊接熔深应达到焊件厚度的 2/3，同时要保证正背面焊缝交界处有 1/3 的重叠，以保证焊件焊透。焊完后的正背面焊缝余高为 0～3mm，焊缝宽度为 8～10mm。

（2）开坡口的焊件对接横焊。

开坡口的焊件对接横焊时，为保证焊件焊透，当焊件厚度为 6～8mm 时，可采用多层双面焊操作。焊件厚度大于 8mm 时，可采用多层多道焊的单面焊双面成形技术。

① 开坡口的焊件对接横焊常用的坡口形式有 V 形和 K 形坡口两种，一般采用多层多道双面焊和多层多道单面焊双面成形方法。

② 焊接层数道数的多少，可根据焊件厚度来决定。焊件厚度越厚，焊接层数和道数越多。开坡口焊件对接横焊焊层道数如图 4-71 所示。

③ 各层各道焊缝开坡口对接横焊焊接时焊枪角度如图 4-72 所示。

（a）K 形坡口　　（b）V 形坡口

图 4-71　开坡口焊件对接横焊焊层道数

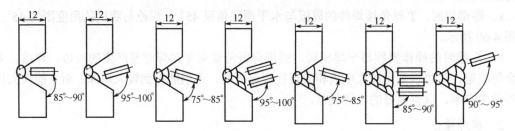

图 4-72　各层各道焊缝开坡口对接横焊焊接时焊枪角度

④ 多层多道双面焊包括打底层焊、填充层焊和盖面层焊。定位焊缝在焊件两端头进行，气体流量为 10～15L/min。打底层焊时，采用单道焊法。焊接电流、电弧电压及运弧方法等可根据坡口间隙大小情况而定。可采用月牙形或锯齿形上下摆动运弧法。填充层焊时，焊接电流适当加大，电弧横向摆动的幅度视坡口宽度的增大而加大。焊完后的填充层焊缝应比母材表面低 1～2mm，这样盖面层焊接时能看清坡口，保证盖面层焊缝边缘平直，焊缝与母材圆滑过渡。盖面层焊时，电弧上下摆动的幅度随坡口宽度的增大继续加大，电弧摆动到坡口两侧时应稍作停顿，使坡口两侧温度均衡，焊缝熔合良好，边缘平直。焊完后的盖面层焊缝应宽窄整齐，高低平整，波纹均匀一致。

⑤ 多层多道单面焊双面成形包括打底层焊、填充层焊和盖面层焊。其中打底层焊是单面焊接，正反双面成形，而背面焊缝为正式表面焊缝。打底层焊时，定位焊缝在焊件两端头进行，装配间隙始焊处为 3mm，终焊处为 3.5mm。采用焊接电流为 100A，电弧电压为 19V，焊接时，注意调整焊枪角度，要把焊丝送入坡口根部，以电弧能将坡口两侧钝边完全熔化为好。要认真观察熔池的温度、熔池的形状和熔孔的大小。熔孔过大，背面焊缝余高过高，甚至形成焊瘤或烧穿。熔孔过小，坡口两侧根部易造成未焊透缺陷。

3. 立焊操作

（1）对接立焊。

① 不开坡口的对接立焊。不开坡口的对接立焊常适用于薄板的焊接。

a. 焊接时，采用坡口形式为 I 形坡口，热源自下向上进行焊接。

b. 焊接参数应比平焊时小 10%～15%，以减小熔滴的体积，减轻重力的影响，有利于熔滴的过渡。

c. 焊接时，焊枪与焊缝角度呈 90°，焊枪下倾夹角为 75°～85°，如图 4-73 所示。

图 4-73　不开坡口对接立焊焊枪角度

② 开坡口的对接立焊。

a. 板厚大于 6mm。

b. 开坡口的焊件对接立焊时，一般采用多层单道双面焊和多层单道单面焊双面成形方法，焊接层数的多少，可根据焊件厚度来决定。焊件板厚越厚，焊层越多。

c. 多层单道双面焊包括打底层焊、封底层焊、填充层焊和盖面层焊。其中每一层焊缝都为单道焊缝，如图 4-74（a）所示，热源自下向上进行焊接。

(a) X形坡口　　　　　　　　　　　(b) V形坡口

图 4-74　开坡口对接立焊焊层

打底层焊时，焊接电流、电弧电压、焊接速度及运弧方法等可视坡口间隙大小情况而定。可采用月牙形或锯齿形横向摆动运弧法，注意坡口两侧熔合情况并防止烧穿。封底层焊时，将焊件背面熔渣等污物清理干净后进行焊接，操作要领与不开坡口对接平焊相同。填充层焊时，焊接电流适当加大，电弧横向摆动的幅度视坡口宽度的增大而加大，电弧摆动到坡口两侧时稍作停顿，避免出现沟槽现象。焊完最后一层填充层焊缝应比母材表面低 1～2mm，这样能使盖面层焊接时看清坡口，保证盖面层焊缝边缘平直，焊缝与母材圆滑过渡。盖面层焊时，电弧横向摆动的幅度随坡口宽度的增大而继续加大，电弧摆动到坡口两侧时应稍作停顿，使坡口两侧温度均衡，焊缝熔合良好，边缘平直。焊完后的盖面层焊缝应宽窄整齐，高低平整，波纹均匀一致。

d．多层单道单面焊双面成形包括打底层焊、填充层焊和盖面层焊。热源自下向上进行焊接，其中打底层焊是单面焊接，正反双面成形，操作难度较大，如图 4-74（b）所示。

打底层焊时，定位焊缝在焊件两端头进行，装配间隙始焊处为 3mm，终焊处为3.5mm。采用焊接电流为100A，电弧电压为 19V，焊接时，注意调整焊枪角度，要把焊丝送入坡口根部，以电弧能将坡口两侧钝边完全熔化为好。要认真观察熔池的温度、熔池的形状和溶孔的大小。熔孔过大，背面焊缝余高过高，甚至形成焊瘤或烧穿。熔孔过小，坡口两侧根部易造成未焊透缺陷。电弧摆动到坡口两侧时稍作停顿，避免出现沟槽现象。

（2）角接立焊。

① 不开坡口的角接立焊。

a．板厚小于 6mm。

b．一般采用不开坡口的正背面单层单道角接立焊，热源自下向上进行焊接。

c．焊缝的坡口形式为 I 形，如图 4-75 所示。

d．当焊接同等板厚单层单道角接立焊时，焊枪与两板之间角度为 45°，焊枪后倾夹角为 75°～85°，如图 4-76 所示。当焊接不同板厚时还必须根据两板的厚度来调节焊枪的角度。一般焊枪角度应偏向厚板约 5°。

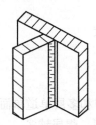

图 4-75　不开坡口角接立焊

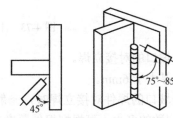

图 4-76　不开坡口角接立焊焊枪角度

② 开坡口的角接立焊。

a．板厚大于 6mm。

b．开坡口的角接立焊应用广泛的是单层双面焊方法，如图 4-77 所示。

c．施焊时，由于熔滴下落焊缝熔合不良，焊枪角度应稍偏向坡口面 3°～5°，控制好熔池温度和熔池形状及尺寸大小，随时根据熔池情况调整焊接速度。焊完正面焊缝后，应将背面焊缝熔渣等污物清理干净后再进行背面焊缝的焊接。背面焊缝的操作要领与仰焊操作相同。

4. 仰焊操作

（1）对接仰焊。

对接仰焊位置焊接时，焊缝倾角为 0°、180°，焊缝转角为 250°、315°的焊接位置，对接仰焊常用的坡口形式主要有 I 形和 V 形等。

① 不开坡口的对接仰焊。

a. 不开坡口的对接仰焊常用于薄板焊接。采用的坡口形式为 I 形坡口。

b. 施焊时，焊枪与焊缝角度呈 90°，焊枪后倾夹角为 75°～85°，均匀运弧，如图 4-78 所示。

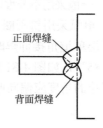

图 4-77　开坡口角接单层双面立焊

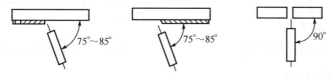

图 4-78　仰焊时焊枪角度

② 开坡口的对接仰焊。

a. 板厚大于 6mm。

b. 坡口的形式主要根据焊件的厚度来选择，一般常用的对接仰焊坡口形式主要是 V 形。

c. 开坡口的焊件对接仰焊时，常采用多层单道单面焊双面成形方法。焊接层数多少，可根据焊件厚度来决定。焊件越厚，层数越多。

d. 多层单道单面焊双面成形包括打底层焊、填充层焊和盖面层焊。其中每一层焊缝都为单道焊缝，如图 4-79 所示。每一层焊接时的焊枪角度与不开坡口对接仰焊焊枪角度相同。

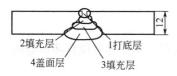

图 4-79　开坡口对接仰焊焊层

打底层焊时，定位焊缝在焊件两端头进行，装配间隙始焊处为 3mm，终焊处为 3.5mm。采用焊接电流为 100A，电弧电压为 19V，焊接时，可采用月牙形或锯齿形横向摆动运弧法，电弧摆动到坡口两侧时稍作停顿，以防焊波中间凸起及液态金属下淌。注意调整焊枪角度，要把焊丝送入坡口根部，以电弧能将坡口两侧钝边完全熔化为好。熔孔过大，会使背面焊缝余高过高，甚至形成焊瘤或烧穿。熔孔过小，坡口两侧根部易造成未焊透缺陷。填充层焊时，焊接电流适当加大，电弧横向摆动的幅度视坡口宽度的增大而加大，电弧摆动到坡口两侧时稍作停顿，避免出现沟槽现象。焊完最后的填充层焊缝应比母材表面低 1～2mm，这样盖面层焊接时能看清破口，保证盖面层焊缝边缘平直，焊缝与母材圆滑过渡。盖面层焊时，电弧横向摆动的幅度随坡口宽度的增大而继续加大，电弧摆动到坡口两侧时应稍作停顿，以使坡口两侧温度均衡，焊缝熔合良好，边缘平直圆滑。焊完后的盖面层焊缝应宽窄整齐，高低平整，波纹均匀一致。

（2）角接仰焊。

角接仰焊位置焊接时，角接仰焊焊缝位于焊缝倾角为 0°、180°，转角为 250°、315°的焊接位置。角接仰焊主要是指 T 形接头仰焊和搭接接头仰焊。角接仰焊常用的坡口形式主要有 I 形、K 形和单边 V 形等。

① 不开坡口的角接仰焊。

a．板厚小于 6mm。

b．一般采用不开坡口的正背面单层单道角接仰焊，焊缝的坡口形式为 I 形，如图 4-80 所示。

c．电弧采用斜画圈、斜锯齿形或斜月牙形进行运弧，并及时调整焊枪角度。当焊接同等板厚单层单道角接仰焊时，焊枪与两板之间的角度为 45°，右向焊时，焊枪的前倾夹角为 75°～85°，如图 4-81 所示。当焊接不同板厚时还必须根据两板的厚度来调节焊枪的角度。一般焊枪的角度应偏向厚板约 5°。

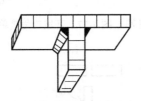

图 4-80　不开坡口角接仰焊

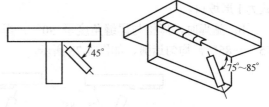

图 4-81　不开坡口角接仰焊焊枪角度

② 开坡口的角接仰焊。

a．板厚大于 6mm。

b．焊缝坡口形式采用 K 形和单边 V 形等。

c．采用单层双面焊，如图 4-82 所示。

d．施焊时，由于熔滴下落，焊缝熔合不良，焊枪角度应稍偏向坡口面 3°～5°。

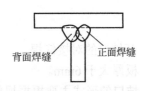

背面焊缝　　正面焊缝

图 4-82　开坡口角接仰焊单层双面焊焊层

四、管板焊接

1．管焊操作

（1）水平固定管焊。

由于焊缝是水平环形的，所以在焊接过程中需经过仰焊、立焊、平焊等全位置环焊缝的焊接。

焊枪与焊缝的空间位置角度变化很大，为方便叙述施焊顺序，将环焊缝横断面看作钟表盘，如图 4-83 所示。而把环焊缝又分为两个半周，即时钟 6→3→12 位置为前半周，6→9→12 位置为后半周，如图 4-84 所示，即焊接时，要把水平管子分成前半周和后半周两个半周来焊接。焊枪的角度要随着焊缝空间位置的变化而变换。操作时容易造成 6 点仰焊位置内焊缝形成凹坑或未焊透，外焊缝形或焊瘤或超高，12 点平焊位置内焊缝形成焊瘤或烧穿，外焊缝形成焊缝过低或弧坑过深等缺陷。

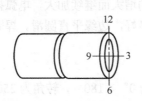

图 4-83　水平固定管

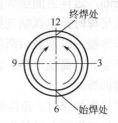

12　终焊处

9　　　3

6　始焊处

图 4-84　两半周焊接法

在水平固定管焊接中，主要采用开坡口的多层单道单面焊双面成形方法。多层单道单面焊双面成形包括打底层焊、填充层焊和盖面层焊。其中每一层焊缝都为单道焊缝，如图4-85所示。

打底层焊时，定位焊缝为两处，如图4-86所示，装配时管子轴线必须对正，以免焊后中心线偏斜。装配间隙始焊处为3mm，终焊处为3.5mm。采用焊接电流为100A，电弧电压为19V，焊接时，分两个半周焊接，可采用月牙形或锯齿形横向摆动运弧法，电弧摆动到坡口两侧时稍作停顿，以防焊层中间凸起及液态金属下淌造成焊瘤等缺陷。也应随时调整焊枪角度，如图4-87所示。要把焊丝送入坡口根部，以电弧能将坡口两侧钝边完全熔化为好。焊完后的背面焊缝余高为0～3mm。

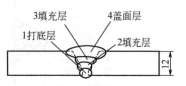

图4-85 水平固定管焊接层数

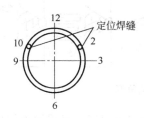

图4-86 水平固定管定位焊缝位置

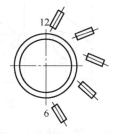

图4-87 水平固定管焊枪角度

填充层焊时，焊接电流适当加大，电弧横向摆动的幅度视坡口宽度的增大而加大，电弧摆动到坡口两侧时稍作停顿，以防焊层中间凸起及液态金属下淌产生焊瘤等缺陷。焊完最后的填充层焊缝应比母材表面低1～2mm，保证盖面层焊缝边缘平直。

盖面层焊时，电弧横向摆动的幅度随坡口宽度的增大而继续加大，电弧摆动到坡口两侧时应稍作停顿，使坡口两侧温度均衡，焊缝熔合良好，边缘平直。焊完后的盖面层焊缝余高为0～3mm，焊缝应宽窄整齐，高低平整，波纹均匀一致，焊缝与母材圆滑过渡。

（2）垂直管焊。

垂直固定管焊缝为垂直于水平位置的环焊缝，类似于板对接横焊，区别在于管的横焊缝是有弧度的，焊枪要随焊缝弧度位置变化而变换角度进行焊接，如图4-88所示。

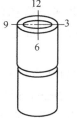

图4-88 垂直固定管

在垂直固定管焊接生产中，主要采用开坡口的多层单道单面焊双面成形方法。垂直固定管多层多道单面焊双面成形包括打底层焊、填充层焊和盖面层焊。其中第一层焊缝为单道焊缝，其余焊缝为多层多道焊缝，如图4-89所示。

打底层焊时，定位焊缝为两处，如图4-90所示，装配时管子轴线必须对正，以免焊后中心线偏斜。装配间隙始焊处为3mm，终焊处为3.5mm。采用焊接电流为100A，电弧电压为19V，焊接时，可采用小月牙形或小锯齿形上下摆动运弧法，电弧摆动到坡口两侧时稍作停顿，注意随时调整焊枪角度，如图4-91所示。要把焊丝送入坡口根部，以电弧能将坡口两侧钝边完全熔化为好。焊完后的背面焊缝余高为0～3mm。

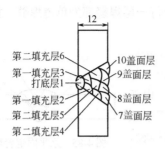

图 4-89 垂直固定管焊层道数

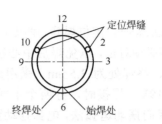

图 4-90 垂直固定管定位焊位置

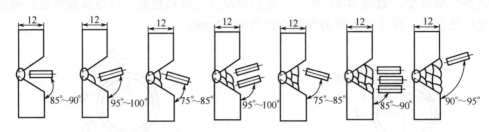

图 4-91 垂直固定管焊接时焊枪角度

填充层焊时，第一填充层为两道焊缝，第二填充层为三道焊缝。可采用直线形或小锯齿形上下摆动运弧法。焊接电流适当加大，注意随时调整焊枪角度。焊接时，后一道焊缝压前一道焊缝的 1/2，严格控制熔池温度，使焊层与焊道之间熔合良好。保证每层每道焊缝的厚度和平整度。焊完最后一层填充层焊缝时应比母材表面低 1～2mm，以保证盖面层焊缝边缘平直，焊缝与母材圆滑过渡。

盖面层焊为一层四道焊缝，焊接时，后一道焊缝压前一道焊缝的 1/2，焊接时要随时调整焊枪角度，并保持匀速焊接，要保证每道焊缝的厚度和平整度。当焊至最后一道焊缝时，焊接电流适当减小，焊速适当加快，使上坡口温度均衡，焊缝熔合良好，边缘平直。焊完后的盖面层焊缝余高为 0～3mm。焊缝应宽窄整齐，高低平整，焊缝与母材圆滑过渡。

2. 管板组合焊

（1）管板垂直平焊。

管板垂直平焊焊接的是一条管垂直于板水平位置的角焊缝。管板垂直平焊多层单道单面焊双面成形焊缝包括打底层焊、填充层焊和盖面层焊，如图 4-92 所示。

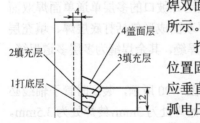

图 4-92 管板垂直平焊焊层

打底层焊时，定位焊缝两处，分别在时钟顺时针 2 点和 10 点位置固定，自 6 点位置始焊。装配时，装配间隙为 3mm。管与板应垂直对正。为获得完美的成形焊缝，应调节适合焊接电流与电弧电压匹配的最佳值，采用锯齿形横向摆动运弧法，电弧摆动到坡口两侧时稍作停顿，管板垂直平焊焊枪与管、板之间角度如图 4-93 所示。管板垂直平焊焊枪后倾夹角为 75°～85°，如图 4-94 所示。要把焊丝送入坡口根部，以电弧能将坡口两侧钝边完全熔化为好。焊完后的背面焊缝余高为 0～3mm。

填充层焊时，适当加大焊接电流，电弧横向摆动的幅度视坡口宽度的增大而加大。焊完最后的填充层焊缝应比母材表面低 1～2mm，要保证盖面层焊缝边缘平直，焊缝与母材圆滑过渡。

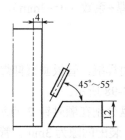

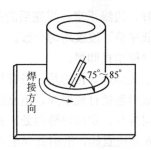

图 4-93　管板垂直平焊焊枪与管板角度　　　　图 4-94　管板垂直平焊焊枪后倾夹角

盖面层焊时，电弧横向摆动的幅度随坡口宽度的增大而继续加大，并保持焊枪角度正确，防止管壁一侧产生咬边缺陷。电弧摆动到坡口两侧时应稍作停顿，使坡口两侧温度均衡，焊缝熔合良好，边缘平直。焊完后的盖面层焊脚高度为管壁厚+系数（0～3mm）。焊缝应宽窄整齐，高低平整，波纹均匀一致。

（2）管板水平焊。

管板水平焊焊接的是一条管板处于水平位置的全位置角焊缝，需使用仰焊、立焊、平焊等焊接方式。焊接时，要把管、板焊接也分成前半周和后半周两个半周来焊接。将焊缝横断面看作钟表盘前半周由 6 点始经 3 点至 12 点终，后半周自 6 点始经 9 点至 12 点终。焊枪的角度要随着焊缝空间位置的变化而变换。焊接过程中，由于管壁较薄没有坡口，而板较厚则有坡口，坡口角度为 40°。

管板水平焊多层单道单面焊双面成形焊缝包括打底层焊、填充层焊和盖面层焊，如图 4-95所示。

打底层焊时，定位焊缝两处，分别在顺时针 2 点和 10 点位置固定，自 6 点位置始焊。装配时，装配间隙为 3mm。管与板应垂直对正。为获得完美的焊缝成形，施焊前要正确调节适合焊接电流与电弧电压匹配的最佳值。施焊时采用锯齿形横向摆动运弧法，电弧摆动到坡口两侧时稍作停顿，注意调整焊枪与管板角度，如图 4-96 所示。管板水平焊焊枪后倾夹角如图 4-97 所示。

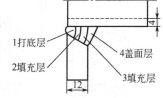

图 4-95　管板水平焊

要把焊丝送入坡口根部，以电弧能将坡口两侧钝边完全熔化为好。焊完后的背面焊缝余高为0～3mm。

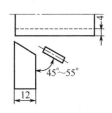

图 4-96　管板水平焊焊枪与管板角度　　　　图 4-97　管板水平焊焊枪后倾夹角

填充层焊时，适当加大焊接电流，电弧横向摆动的幅度视坡口宽度的增大而加大。焊完最后的填充层焊缝应比母材表面低 1～2mm，以保证盖面层焊缝边缘平直，焊缝与母材圆滑过渡。

盖面层焊时，电弧横向摆动的幅度随坡口宽度的增大而继续加大，保持焊枪角度正确性，防止管壁一侧产生咬边缺陷。电弧摆动到坡口两侧时应稍作停顿，使坡口两侧温度均衡，焊缝熔合良好，边缘平直。焊完后的盖面层焊脚高度为管壁厚+系数（0～3mm）。焊缝应宽窄整齐，高低平整，波纹均匀一致。

（3）管板垂直仰焊。

管板垂直仰焊焊接的是一条管与板处于水平位置的仰角焊缝。管板垂直仰焊多层单道单面焊双面成形包括打底层焊、填充层焊和盖面层焊，如图 4-98 所示。

打底层焊时，定位焊缝两处，将焊缝横断面看作钟表盘分别在顺时针 2 点和 10 点位置固定，自 6 点位置始，沿圆周焊至 6 点位置终焊。装配时，装配间隙为 3mm。管与板应垂直对正。施焊前，要正确调节适合焊接电流与电弧电压匹配的最佳值，以获得完美的焊缝成形。施焊时，可采用锯齿形横向摆动运弧法，电弧摆动到坡口两侧时稍作停顿，注意调整焊枪与管、板之间角度，如图 4-99 所示。

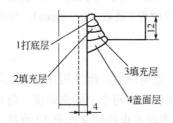

图 4-98　管板垂直仰焊焊层

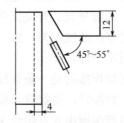

图 4-99　管板垂直仰焊焊枪角度

焊枪后倾夹角如图 4-100 所示。要把焊丝送入坡口根部，以电弧能将坡口两侧钝边完全熔化为好。焊完后的背面焊缝余高为 0～3mm。

图 4-100　焊枪后倾夹角

填充层焊时，适当加大焊接电流，电弧横向摆动的幅度视坡口宽度的增大而加大。焊完最后的填充层焊缝应比母材表面低 1～2mm，以保证盖面层焊缝边缘平直，焊缝与母材圆滑过渡。

盖面层焊时，电弧横向摆动的幅度随坡口宽度的增大而继续加大，保持焊枪角度正确性，防止管壁一侧产生咬边缺陷。电弧摆动到坡口两侧时应稍作停顿，使坡口两侧温度均衡，焊缝熔合良好，边缘平直。焊完后的盖面层焊脚高度为管壁厚＋系数（0～3mm）。焊缝应宽窄整齐，高低平整，波纹均匀一致。

五、CO₂焊应用操作

1. 平板对接横焊

（1）焊接图样。

平板对接横焊图样如 4-101 所示。

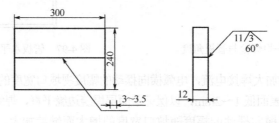

图 4-101　平板对接横焊图样

（2）操作方法与步骤。

平板对接横焊操作方法与步骤如下。

① 用刨边机制作接头坡口（V 形），并清理坡口及正反两侧 20mm 范围内的油污、铁锈、水分等污物，至露出金属光泽，去除毛刺。

② 两块板水平放置，两端头对齐，装配间隙始焊处 3mm，终焊处 3.5mm，反变形量 3°～5°。

③ 选择 H08Mn2SiA 焊丝（焊丝直径为 1mm）进行点焊，并在坡口内两端进行定位焊接，焊点长度为 10～15mm，如图 4-102 所示。

④ 在焊件定位焊缝上引弧，以小幅度锯齿形方式进行摆动，自右向左焊接，如图 4-103 所示。

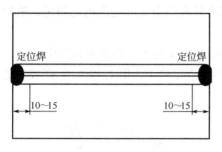

图 4-102 定位焊

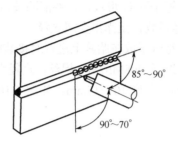

图 4-103 打底焊

⑤ 除净飞溅及焊道表面焊渣，调试好填充焊参数，焊枪成 0°～10° 仰角，进行填充焊道 2 与 3 的焊接，如图 4-104 所示。整个填充层厚度应低于母材 1.5～2mm，且不得熔化坡口棱边，如图 4-104 所示。

⑥ 除净飞溅及焊道表面焊渣，调试好盖面焊参数，焊枪成 0°～10° 仰角，进行盖面焊，如图 4-105 所示。

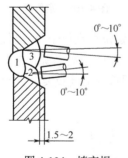

图 4-104 填充焊

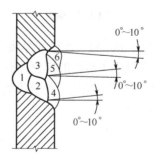

图 4-105 盖面焊

提 示

若打底焊接过程中电弧中断，则应先将接头处焊道打磨成斜坡，再在打磨的焊道最高处引弧，并以锯齿形小幅度摆动，当接头区前端形成熔孔后，继续焊完打底焊。

2. 大直径管对接水平转动焊

（1）焊接图样。

大直径管对接水平转动焊图样如图 4-106 所示。

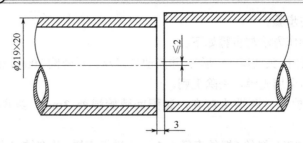

图 4-106 大直径管对接水平转动焊接图样

（2）操作方法与步骤。

大直径管对接水平转动焊操作方法与步骤如下。

① 管子开 U 形坡口，并清除坡口面及其端部内外表面 20mm 范围内的油污、铁锈、水分与其他污物，至露出金属光泽。

② 将管子放在胎具上进行对接装配，保证装配间隙为 3mm，如图 4-107 所示。

③ 选择 H08Mn2SiA 焊丝，直径为 1mm，采用三点定位（各相距 120°）在坡内进行定位焊，焊点长度 10～15mm，如图 4-108 所示。

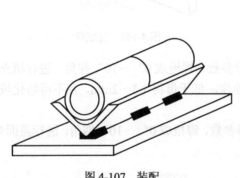

图 4-107 装配

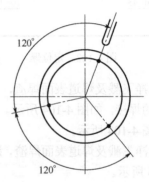

图 4-108 定位焊

④ 转动管子，将大直径管焊接面看作钟表盘，将一个定位焊点位于 1 点位置，调节好焊接参数，在处于 1 点处的定位焊缝上引弧，并从右至左焊至 11 点处断弧。立即用左手将管子按顺时针方向转一角度，将灭弧处转到 1 点处，再进行焊接（如此反复，此至焊完整圈焊缝），如图 4-109 所示。

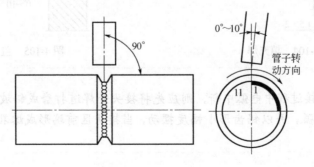

图 4-109 打底焊

⑤ 焊枪横向摆动幅度应稍大，并在坡口两侧适当停留，按打底焊方法焊接填充焊道（最后一层填充焊道高度应低于母材 2～3mm，并不得熔化坡口棱边），如图 4-110 所示。

⑥ 调节好焊接参数，焊枪横向摆动幅度比填充焊时大，并在两侧稍停留，使熔池超过坡口棱边 0.5～1.5mm，保证两侧熔合良好，如图 4-111 所示。

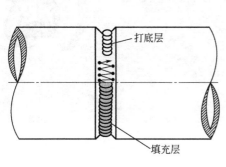

图 4-110　填充焊

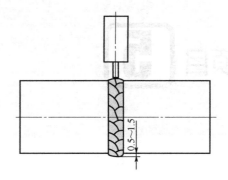

图 4-111　盖面焊

 提　示

管子转动最好采用机械转动装置，边转边焊，或一人转动管子，一人进行焊接，也可采用右手持焊枪、左手转动的方法。

项目 5

手工钨极氩弧焊

手工钨极氩弧焊是采用钨极作为电极材料，利用喷嘴喷射出来的氩气，在电极及熔池周围形成封闭的保护气流，使钨极焊丝和熔池不被氧化的一种气体保护焊，如图 5-1 所示。

图 5-1　手工钨极氩弧焊操作

任务 1　认识手工钨极氩弧焊用设备

本任务最好采用现场实景教学，在现场实景中要让学生认识手工钨极氩弧焊用设备的结构和作用，再采用多媒体等手段介绍其编号方法、技术特性等。

一、手工钨极氩弧焊机

1. 常用氩弧焊机的型号编制方法

根据国家标准的相关规定，氩弧焊机型号由汉语拼音字母及阿拉伯数字组成。

氩弧焊机型号的编制方法如图 5-2 所示。

① 型号中 $\times_1\times_2\times_3\times_6$ 各项用汉语拼音字母表示。

② 型号中 $\times_4\times_5\times_7$ 各项用阿拉伯数字表示。

③ 型号中 $\times_3\times_4\times_6\times_7$ 项如不用时，其他各项排紧。

④ 附注特征和系列序号用于区别同小类的系列和品种，包括通用和专用产品。

⑤ 派生代号按汉语拼音字母的顺序编排。

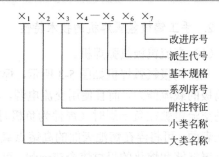

图 5-2 氩弧焊机型号的编制方法

⑥ 改进序号，按生产改进次数连续编号。

⑦ 可同时兼作两大类焊机使用时，其大类名称的代表字母按主要用途选取。

⑧ 气体保护焊机型号代表字母及序号，见表 5-1。

表 5-1 气体保护焊机型号代表字母及序号

X_1		X_2		X_3		X_4			X_5	
代表字母	大类名称	代表字母	小类名称	代表字母	附注特征	数字序号	系列序号	单位		基本规格
W	TIG 焊机	Z S D Q	自动焊 手工焊 点焊 其他	省略 J E M	直流 交流 交直流 脉冲	省略 1 2 3 4 5 6 7 8	焊车式 全位置焊车式 横臂式 机床式 旋转焊头式 台式 机械手式 变位式 真空充气式	A		额定焊接电流
N	MIG MAG 焊机	Z B L D U G	自动焊 半自动焊 螺柱焊 点焊 堆焊 切割	省略 M C	氩气、混合 气体保护 直流 氩气、混合 气体保护 脉冲 二氧化碳 保护	省略 1 2 3 4 5 6 7	焊车式 全位置焊车式 横臂式 机床式 旋转焊头式 台式 机械手式 变位式	A		额定焊接电流
K	控制器	D F T U	点焊 缝焊 凸焊 对焊	省略 F Z	同步控制 非同步控制 质量控制	1 2 3	分立元件 集成电路 微机	k·VA		额定容量

氩弧焊机的型号编制以 NSA4-300 为例，说明如下：

① N——大类名称，说明弧焊接用焊机。

② S——小类名称，手工操作。

③ A——附加特征，氩气。

④ 4——系列品种序号，表示直流焊机。

⑤ 300——额定电流的安培数值。

此外有时还用 B 表示半自动焊机，Z 表示自动焊机。

图 5-3 交流钨极氩弧焊机

2. 手工钨极氩弧焊机的技术特性

（1）交流钨极氩弧焊机。

交流钨极氩弧焊机如图 5-3 所示，焊机具有较好的热效率，能提高钨极的载流能力，而且使用交流电源，相对价格较便宜。最大的优点是交流电弧在负半周时（焊件为负极时），大质量氩离子高速冲击熔池表面，可将浮在熔池表面的高熔点氧化膜清除干净，使熔化的填充金属能够和熔化的母材熔合在一起，可改善焊接性，能获得优质焊缝，适用于焊接铝、镁及其合金。

国产手工交流钨极氩弧焊机属于 WSJ 系列，其技术数据见表 5-2。

表 5-2 交流手工钨极氩弧焊机型号及技术数据

技术数据	型号		
	WSJ-150	**WSJ-400**	**WSJ-500**
电源电压/V	380	220	220/380
空载电压/V	80	80～88	80～88
额定焊接电流/A	150	400	500
电流调节范围/A	30～150	60～400	50～500
额定负载持续率/%	35	60	60
钨极直径/mm	$\phi 1～\phi 2.5$	$\phi 1～\phi 5$	$\phi 1～\phi 5$
引弧方式	脉冲	脉冲	脉冲
稳弧方式	脉冲	脉冲	脉冲
冷却水流量/L·min^{-1}	—	1	1
氩气流量/L·min^{-1}	—	25	25
用途	焊接 0.3～3mm 的铝及铝合金、镁及其合金	焊接铝和镁及其合金	焊接铝和镁及其合金

（2）直流钨极氩弧焊机。

直流钨极氩弧焊机如图 5-4 所示，焊机电弧稳定，结构最简单。直流手工钨极氩弧焊机可以配用各种类型的具有陡降外特性的直流弧焊电源。目前最常用的是配用逆变电源的直流手工钨极氩弧焊机，这类焊机属于 WS 系列。常用逆变直流钨极氩弧焊机的型号及技术参数见表 5-3。

图 5-4 直流钨极氩弧焊机

表 5-3 常用逆变直流钨极氩弧焊机的型号及技术数据

参数 型号	普通直流手工氩弧焊机型号					场效应管直流手工氩弧焊机型号			
	WS-63	WS-125	WS-250	WS-300	WS-400	WS-63	WS-100	WS-160	WS-315
电源电压/V	单相 220/380	3 相 380	3 相 380	3 相 380	3 相 380	−220（± 10%）	−220（± 10%）	−220（± 10%）	3 相 380
额定输入容量/k·VA	3.5	9.0	16	25	33	2.0	3.0	4.8	9
额定焊接电流/A	6.5	125	250	300	400	63	100	160	315
电流调节范围/A	4～65	10～130	10～250	20～300	20～400	4～63	4～100	4～160	8～315
额定负载持续率/%	60								
引弧方式	高频引弧								
焊枪	—	—	250A 水冷	200A 水冷	500A 水冷	空冷	空冷	空冷	300A 水冷
用途	焊接 0.5mm 以下的不锈钢薄板的专用设备	焊接不锈钢、铜、钛等金属及其合金	焊接 δ=1～10mm 不锈钢、高合金钢、铜等	焊接 δ=1～10mm 不锈钢、高合金钢、铜等	焊接不锈钢、铜及除铝、镁以外的有色金属及合金	该机适用于不锈钢、铜、钛等金属的焊接。采用场效应（EFT）脉冲宽度调制（PWM）逆变技术和专用模块电路设计而成。并具有体积小、质量轻等特点。可进行焊条电弧焊，又可进行氩弧焊。该机在钨极氩弧焊时，引弧特别容易			
备注	设有提前送气、滞后关气和自动线性衰减装置								

（3）交直流两用氩弧焊机。

交直流两用氩弧焊机如图 5-5 所示，焊机可通过转换开关，选择进行交流手工钨极氩弧焊或直流手工钨极氩弧焊。还可用于交流焊条电弧焊或直流焊条电弧焊，也是一种多功能、多用途焊机。

图 5-5 交直流两用氩弧焊机

交直流两用氩弧焊机属于 WSE 系列，国产交直流两用氩弧焊机的型号和技术数据，见表 5-4。

表 5-4 国产交直流两用氩弧焊机的型号与技术数据

参数 型号	WSE-150	WSE-160	WSE-250	WSE-300	WSE-400
电源电压/ V、相数及频率/ Hz 额定输入容量/k·VA	380/1/50	380/1/50 7.2	380/1/50 22	380/1/50	380/1/50
额定焊接电流/A	150	直流 160 交流 120	250	300	400
电流调节范围/A	15～180	—	直流 25～250 交流 40～250	—	50～450

续表

参数＼型号	WSE-150	WSE-160	WSE-250	WSE-300	WSE-400
最大空载电压/V	82	—	直流 75 交流 85		
额定负载持续率/%	35	40	60	60	60
质量/kg　焊接电源 控制箱 焊枪	150 42 大 0.4，小 0.3	210	230	—	230

图 5-6　方波交直流脉冲氩弧焊机

（4）方波交直流脉冲氩弧焊机。

方波交直流脉冲氩弧焊机如图 5-6 所示，焊机可用于交流方波氩弧焊、直流氩弧焊、交流方波焊条电弧焊和直流焊条电弧焊。具有交流方波自稳弧性好，交流方波正、负半周宽度可调，能消除交流氩弧焊产生的直流分量，可获得最佳焊接质量，也可自动补偿电网电压波动对焊接电流的影响，并具有体积小、质量轻、功能强、一机多用等特点，最适用于焊接铝、镁、钛、铜及其合金，还可用来焊接各种不锈钢、碳钢和高、低合金钢。

方波交直流多用途手工钨极氩弧焊机属于 WSE5 系列。国产方波交直流脉冲氩弧焊机型号和技术参数见表 5-5。

表 5-5　国产方波交直流脉冲氩弧焊机型号及技术数据

型号		WSE5					
规格		160	200	250	315	400	500
电源电压/V		220/380	380	380	380	380	380
电源相数		单相					
额定输入容量/k·VA		13	16	19	25	32	40
额定焊接电流/A		160	200	250	315	400	500
最大空载电压/V		70	70	72	73	76	78
电流调节范围/A	DC	5～160	12～200	10～250	10～315	10～400	10～500
	AC	20～160	30～200	25～250	30315	40400	50～500
额定负载持续率/%		35					

（5）手工钨极脉冲氩弧焊机。

手工钨极脉冲氩弧焊机如图 5-7 所示，焊机采用脉冲电流进行焊接。适于航空、原子能、机电、轻纺等工业中的不锈钢、铜、钛及其合金、碳钢、合金钢等薄焊件及管板、管子结构的全位置焊。

手工钨极脉冲氩弧焊机属于 WSM 系列。由于其实现脉冲使用的元件及工作方式的不同，这类焊机有以下几类。

① 晶体管式脉冲钨极氩弧焊机。这类焊机主控系统简单、电流均匀、响应速度快，整机可靠性高，适于焊接厚度<1.5mm 的

图 5-7　手工钨极脉冲氩弧焊机

不锈钢、铂、银、镍等金属及其合金。其型号和技术数据见表5-6。

表5-6 晶体管式脉冲钨极氩弧焊机型号和技术数据

参数 型号	WSM-63 型脉冲钨极氩弧焊机			WSM-63 型多功能钨极氩弧焊机
电源电压/V	单相×220			3 相×220
电源频率/Hz	50			
空载电压/V	50			—
负载持续率/%	60	35	100	60
额定焊接电流/A	63	80	50	63
脉冲频率/Hz	0.5、1、2、4、10、20			
脉冲占空比	0.3~0.7			
电流递增时间/s	2			0~5
电流递减时间/s	1.5~10			0~10
脉冲基值时间/s	—			0.003~0.8
脉冲峰值时间/s	—			0.003~0.8
说明	—			能输出直流、高频脉冲电流、低频脉冲电流、高频+低频脉冲电流。电流调节范围广、适用范围宽、焊接质量好，能替代微束等离子弧焊，并具有恒电流外特性

② WSM-75 型场效应管开关型钨极脉冲氩弧焊机。这类焊机采用 VDMOS 场效应管作为控制元件，利用脉宽调制原理获得垂直陡降外特性，适用于焊接不锈钢、碳钢、铜或钛及其合金。WSM-75 型场效应管开关型钨极脉冲氩弧焊机的技术数据见表5-7。

表5-7 WSM-75 型场效应管开关型钨极脉冲氩弧焊机的技术数据

电源电压/V	单相，380	空载电压/V	40
频率/Hz	50	基值电流/A	3~75
输入容量/k·VA	2.8	峰值电流/A	3~75
负载持续率/%	80	脉冲频率/Hz	0.5~20

③ WSM 系列逆变式手工钨极脉冲氩弧焊机。这类焊机采用 20kHz IGBT 模块逆变技术，具有体积小、质量轻、高效节能、动特性好等优点，在规定范围内，各种焊接参数都可进行无级调节和陡降外特性的特点。

WSM 系列逆变式手工钨极脉冲氩弧焊具有电流自动衰减装置、提前送气和滞后停气功能、网络电压补偿装置、负压、过流、过热、缺相等保护功能等。工作性能稳定可靠，WSM 系列逆变式手工钨极脉冲氩弧焊机的型号和技术数据见表5-8。

表5-8 WSM 系列逆变式手工钨极脉冲氩弧焊机的型号和技术数据

参数 型号	WSM-160	WSM-200
输入电源电压/V	3 相 380	
频率/Hz	50	
负载持续率/%	60	

续表

型号 参数	WSM-160	WSM-200
额定焊接电流/A	160	200
电流调节范围/A	8~160	10~200
钨极直径/mm	1~3	
氩气流量/ L·min⁻¹	5~15	5~18
质量/kg	35	40
外形尺寸/ mm	610×300×400	870×310×400

3. 氩弧焊机的安装与连接

（1）焊机安装位置要求。

焊机必须放在坚固平坦的地面，清洁不潮湿。应注意不能放在以下地方。

① 可能受到风吹雨淋的地方。

② 环境温度大于 40℃或低于零下 10℃的地方。

③ 有危害性或腐蚀性气体的地方。

④ 有高温蒸汽的地方。

接地电缆

图 5-8　焊机保护接地

⑤ 有油性气体的地方。

⑥ 充满灰尘的地方。

⑦ 有震动、易碰撞的地方。

⑧ 周围空间小于 20 厘米的地方。

（2）安装连接。

焊机使用电源为 220±10%V/50Hz 应确保供电容量大于单台焊机用电容量。在焊机后面有专门设置的接地端子，如图 5-8 所示，此接地端子在焊机使用过程中必须与大地连接牢固，以防止焊机外壳带电。

以 WS-500 型手工钨极脉冲氩弧焊机为例说明氩弧焊机的安装与连接。

① 接焊机线时，请确认焊机开关处于关闭状态，严禁开关处于"开"状态下接电。

② 所有接线应当接触可靠，无裸露带电导线。具体的连接如图 5-9 所示。

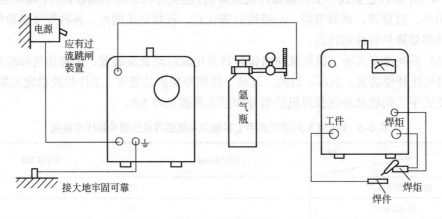

图 5-9　焊机的连接

焊机各接线连接时，焊机输出、固定焊枪与接焊件前的螺母必须要拧紧，以防接触不良而产生高温烧毁输出端子和焊枪。

（3）焊机前、后面板功能说明。

① 前面板。前面板的结构如图5-10所示，前面板功能名称及在焊接过程中的作用如下。

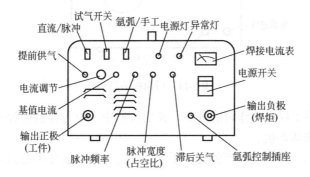

图 5-10 前面板的结构

电源开关——用于开启与关闭焊机电源，此开关在焊机接电时必须处于"关闭"状态。

电源灯（绿）——用于显示焊机是否通电，电源开关处于开状态，此灯亮。

异常灯（黄）——当焊机出现异常情况此灯亮，亮时焊机应立即关闭电源。

直流与脉冲转换开关——用于转换焊机输出为直流还是脉冲，当此开关处于直流时焊机输出为直流，反之则为脉冲输出，手工焊时必须置于直流状态。

氩弧焊、手工焊转换开关——用于焊机氩弧焊状态与手工焊状态的转换。

试气开关——用于检查机内气阀工作是否正常的开关，处于开状态气阀吸合氩气则会流出焊机，正常工作时此开关应处于关闭状态。

焊接电流表——用于显示焊接时的电流。

提前供气时间调节旋钮——用于调节氩气比电弧提前出现的时间。

焊接电流调节旋钮——用于调节焊接电流的大小，顺时针旋转电流增大。

基值电流调节旋钮——此旋钮在脉冲状态下起作用。用于调节脉冲焊接时维持电弧电流的大小。

脉冲频率调节旋钮——此旋钮在脉冲状态下才起作用，用于调节脉冲焊接电流出现的次数（快慢）。脉冲频率越高，焊接波纹越密，反之，则越稀。

脉冲宽度（占空比）——此旋钮在脉冲状态下才起作用。用于调节脉冲焊接电流出现持续时间的大小，脉冲宽度越宽，焊缝相对宽而深，反之，则窄而浅。

滞后关气时间调节旋钮——用于调节电弧停止时，氩气继续供气时间的长短。

氩气控制插座——用于连接焊炬上开关的插座，此插座应与焊炬一同使用。

工件端子——此端子为焊机输出正极，用于连接焊件电缆。

焊炬端子——此端子为焊机输出负极，用于连接焊炬及输送氩气，在氩弧焊状态下接焊炬，在手工焊状态下接焊钳。

② 后面板。后面板的结构如图5-11所示，其功能名称及在焊接过程中的作用如下。

氩气进口——用于连接氩气瓶氩气软管的气嘴。

电源进线——焊机电源的进线。本机使用220±10%V电源，且不可错接到380V电源。

保护接地端子——用于焊机外壳与大地连接的端子，必须牢固可靠，以防外壳带电。

焊机铭牌——记载焊机的基本技术参数。

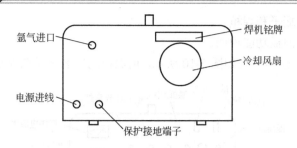

图 5-11　后面板的结构

冷却风扇——用于焊机工作时的散热，使用过程中不可与异物接触或遮盖进风口，以防止机内温度升高而损坏焊机。

面板功能位置图与焊机实体可能会有所区别，但一般功能作用是相同的。操作时应仔细观察。

4. 焊机的调试

（1）电流调节。

电流调节如图 5-12 所示，将"直流/脉冲"开关置于"直流"位置，根据生产操作要求任意调节"焊接电流"旋钮，选用规范电流进行（焊前应把氩气瓶开关打开，把氩气流量计上氩气流量开关选择在适当流量的位置上）。

（2）手工电弧焊接调试。

将"氩弧焊/手工焊"转换开关向下扳至"手工焊"位置，按下开关，开始调试，如图 5-13 所示。

图 5-12　电流调节

图 5-13　调试到手工电弧焊接

（3）氩弧焊接调试。

将"氩弧焊/手工焊"转换开关向上扳至"氩弧焊"位置，按下焊炬开关，氩弧焊机引弧方式为高频引弧，钨极勿与工件接触（为防止钨极烧损，切勿碰触焊件）即可引弧焊接，焊接结束，松开焊枪开关，电弧熄灭，气体经"滞后关气时间"调节旋钮选择延时关闭时间，如图 5-14 所示。

（4）脉冲焊效果调试。

将"氩弧焊/手工焊"转换开关向上扳至"氩弧焊"位置，将"直流/脉冲"转换开关置于"脉冲"位置。如图 5-15 所示，调节"电流调节""基值电流"旋钮使电流调节大于基值电流即可产生脉冲焊的效果。

图 5-14　调试至氩弧焊接

图 5-15　脉冲焊效果调试

二、焊枪

钨极氩弧焊的焊接系统中除了焊接电源外，另一重要的组成部分就是焊枪。它不仅传导电流，产生焊接电弧，还可输送保护气体，保护焊丝、熔池、焊缝的热影响区，使之与空气隔绝，以获得良好的焊接接头。

1. 氩弧焊焊枪的作用与要求

钨极氩弧焊的焊枪是氩弧焊必备的工具，用于装夹钨极、传导焊接电流、输出保护气体、启动或停止整机工作系统。因此，焊枪应满足如下要求。

① 焊枪喷出的保护气体应有一定的挺度和均匀性，以获得可靠的保护。

② 焊枪与钨极之间应具有良好导电性能。

③ 钨极与喷嘴之间要有良好的绝缘。

④ 大电流焊接时，为保证连续工作，应设置系统。

⑤ 质量轻，结构合理，便于手工焊接操作。

⑥ 焊枪各易损部件应方便维修和更换。

2. 氩弧焊焊枪分类

① 按电极类别可分为钨极氩弧焊焊枪和熔化极氩弧焊焊枪两类。

② 按操作方式可分为手工、自动钨极氩弧焊焊枪和半自动、自动熔化极氩弧焊焊枪四类。

③ 按冷却方式可分为水冷式和气冷式氩弧焊焊枪两类。

3. 氩弧焊焊枪的特点

（1）水冷式系列手工氩弧焊焊枪的特点。

水冷式手工钨极氩弧焊焊枪如图 5-16 所示。焊枪采用循环水冷却的导电枪体及焊接电缆，增大了导电部件的电流密度，并减轻质量，缩小焊枪体积，具有冷却水的进、出水管。同时，钨极是借轴向压力来紧固的，通过旋转电极帽盖，使电极夹头紧固或放松。

水冷式系列手工氩弧焊每把焊枪带有 2～3 个不同孔径的钨极夹头，可配用不同直径的钨棒，以适应不同焊接电流的需要。每把焊枪各带高、短不同的两个帽盖，适用于不同长度的钨棒（最长 160mm）和不同场合的焊接。出气孔是一圈均匀分布的径向或轴向小孔，使保护气体喷出时形成层流，有效地保护金属熔池不被氧化。焊枪手把上装有微动开关、按钮开关或船形开关，避免操作者手指的过度疲劳和因失误而影响焊接质量。

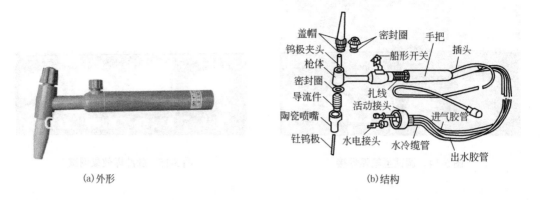

图 5-16　水冷式手工钨极氩弧焊焊枪

（2）气冷式（自冷式）系列手工钨极氩弧焊焊枪的特点。

气冷式手工钨极氩弧焊焊枪如图 5-17 所示。焊枪是直接利用保护气流带走导电部件热量的。设计时适当地减少了导电部件的电流密度，没有冷却系统，故相对地减轻了焊枪的质量，特别适用于无水地带或水易冻结的北方地带。

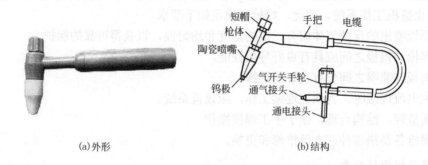

图 5-17　气冷式手工钨极氩弧焊焊枪

气冷式（自冷式）系列手工钨极氩弧焊焊枪内只有一根进气管，它包着电缆，结构简单，接管线方便。采用 QQ 型焊枪时，应避免超载使用。一般应对照焊接电源上的负载持续率来选用有效电流。在连续用较大电流进行焊接时，宜配备两把焊枪轮换使用，以延长焊枪寿命。

4. 焊嘴

焊枪上的喷嘴长一些对造成层流有利，但使用不方便，因此生产中多采用"多孔性隔"来达到同样的目的。喷嘴的形状对气流的运动状态有很大的影响，常见的喷嘴出口形状有圆柱带锥形、圆锥形两种，见表 5-9。

表 5-9　喷嘴出口形状

种类	图示	特点说明
圆柱带锥形	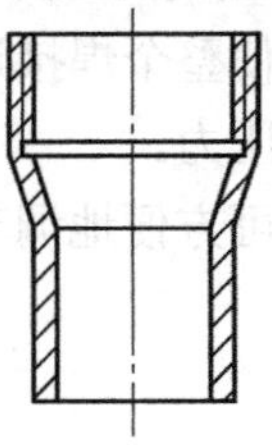	气流通过圆柱形部分时，由于气流通道截面不变，速度均匀，容易保持层流，故而保护性最佳，是生产中常用的一种形式
圆锥形	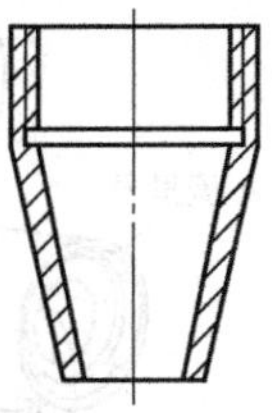	由于出口处截面减小，气流速度加快，容易造成紊流，其保护性较差，但操作方便，便于观察熔池

5. 手工钨极氩弧焊焊枪的选用

选用焊枪时应考虑以下几个因素：焊接材料、焊件厚度、焊接层次、焊接电流的极性接法、额定焊接电流及钨极直径、焊接坡口的形式、焊接速度、经济性等。表 5-10 是不锈钢焊接时手工钨极氩弧焊焊枪选用参照表。

表 5-10　不锈钢焊接时手工钨极氩弧焊焊枪选用参照表

板厚/mm	焊丝直径/mm	焊接电流/A	喷嘴口直径/mm	氩气流量 /dm³·min⁻¹	层数	焊接速度 /mm·min⁻¹	选用焊枪
0.6～1	0～1.6	30～70	6.8	4	1	100～400	QQ 系列≤75A
2.0	1.6～2	60～120	6.8	4～5	1	150～300	QQ 系列≤150A QQ 系列≤150A
3.0	2～3	110～150	8.9	5～6	1	150·300	QQ 系列≤150A QQ 系列≤250A
4.0	2.5～4	130～180	9	6～8	1	150～280	QQ 系列≤200A QQ 系列≤250A
5.0	3～5	150～220	9、12	8～9	1	150～250	QQ 系列≤200A QQ 系列≤350A
6.0	3～5	180～250	12、16	9～10	1～2	150～250	QQ 系列≤200A QQ 系列≤350A
8.0	4～6	220～300	12、16	9～11	2～3	100～220	QQ 系列≤350A
12.0	5～6	300～400	16、18	11～14	2～4	150	QQ 系列≤500A

三、供气系统

1. 氩气瓶

如图 5-18 所示，氩气瓶的和氧气瓶相同，外表涂灰色，并用绿色漆标示"氩"字样，防止与其他瓶混用。氩气在 20℃时，瓶装最大压力为 15MPa，容积一般为 40L。

使用瓶装氩气焊接完毕时，要把瓶嘴关闭严密，防止漏气。瓶内氩气将要用完时，要留有少量底气，不能全部用完，以免空气进入。

2. 减压器

瓶装氩气充气压力一般达到 14.71MPa。由于装瓶氩气的压力很高，而工作时所需压力较低，因而需用一个减压器将高压氩降至工作压力，且使整个焊接过程中氩气工作压力稳定，不会因瓶内压力的降低或氩气流量的增减而影响工作压力。

使用减压器不仅能起到降压和稳压的作用，而且可方便地调节氩气流量。典型的氩气瓶减压器如图 5-19 所示，它是由细螺纹拧到气瓶上的。

图 5-18　氩气瓶

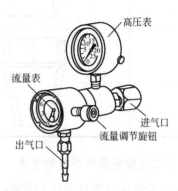

图 5-19　氩气瓶减压器

表 5-11 给出氩气减压器的技术数据。通常也可用氧气减压器代替。

表 5-11　氩气减压器的技术数据

最高输入气压/MPa	15
最低进口压力	不低于工作压力 2.5 倍
输出工作压力/MPa	0.4～0.5
输出流量调节范围/L·min^{-1}	AT-150～15 AT-300～30
压力表形式	弹簧管式 YO-60
进气接头尺寸	G5/8
出气口孔径/mm	$\phi 3.6$
外形尺寸/mm	150×68×168
质量/g	810

3. 气体流量计

气体流量计是标定通过气体流量大小的装置，如图 5-20 所示。通常应用的有 LZB 型转子流量计；LF 浮子式流量计与 301-1 型浮标式组合减压流量计等。

LZB 型转子流量计，体积小，调节灵活，可装在焊机面板上，其构造如图 5-21 所示。

LZB 型转子流量计的测量部分是由一个垂直的玻璃管与管内的浮子组成。锥形管的大端在上，浮子可沿轴线方向上下移动。气体流过时，浮子的位置越高，表明氩气流量越大。

4. 电磁气阀

电磁气阀是开闭气路的装置，如图 5-22 所示。它由延时继电器控制，可起到提前供气和滞后停气的作用。当切断电源时，电磁阀处于关闭状态；接通电源后气阀芯子连同密封塞被吸上去，气阀打开，使气体进入焊枪。

图 5-20　气体流量计

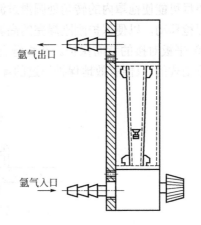

图 5-21　LZB 型转子流量计结构示意图

氩气出口

氩气入口

5. 水冷系统与附加特殊保护装置

（1）水冷系统。

当使用的焊接电流大于 100A 时，需要通入冷却水来冷却焊枪，冷却水管内串入一根用软铜线编织成的电缆。这样，既可直接冷却电缆，又能减轻导体电缆的质量，有利于焊工操作。

钨极氩弧焊的水冷系统，一般可采用城市自来水管或是独立的循环冷却装置。在水路中，装有水压开关，以保证在冷却水接通后才能启动焊机，这样能防止忘记打开水管而烧损焊枪和焊机。

（2）附加特殊保护装置。

① 平板对接的正面保护。当采用钨极氩弧焊焊接活泼性金属（如工业纯钛、锆等）时，焊缝金属在高温下特别容易氧化。钛在 300℃以上，能溶解于氧和氮；锆在 400℃时，可与空气中的氧、氮等化合。

图 5-22　电磁气阀

为隔绝空气中的氧和氮，防止焊缝在冷却过程中氧化，必须对焊缝和氧化温度区域的热态金属进行有效保护。

手工钨极氩弧焊时，提高氩气保护效果，一般要增加喷嘴的直径，并在焊枪上设置氩气保护拖罩，使焊后的高温区域和焊缝继续保持在氩气的保护范围内。

常用的板件对接焊用拖罩结构如图 5-23 所示。

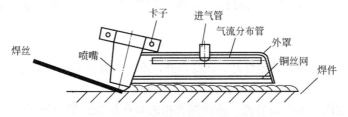

卡子　　进气管　　气流分布管　　外罩

焊丝　　喷嘴　　　　　　　铜丝网　　焊件

图 5-23　常用板件对接焊用拖罩结构

用 1mm 左右的紫铜板制成外罩，由进气管通入氩气，经过设有一排小孔的气流分布管喷出，再通过几层钢丝网，使气体呈均匀的层流状态，保护熔池和焊缝过热区。在制作拖罩时，要尽可能使拖罩内的转角处圆滑过渡，让气流通畅。拖罩是通过卡子固定在焊枪上部，可随焊枪移动，以便保护刚刚焊完的高温区域。

② 平板对接的背面保护。在焊缝金属的背面，也要有一种保护装置。背面保护装置是不可移动式的，只能有效地保护焊过的焊缝高温区。平板对接时的背面保护装置结构如图 5-24 所示。

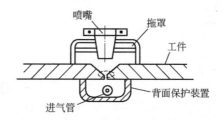

图 5-24　平板对接时的背面保护装置结构

③ 小口径管子对接的保护。对于不同金属材料的小直径管子（如不锈钢、工业纯钛等），焊接时主要是防止产生氧化，因此，其背面需要充氩气进行保护。其保护方法一般是在管子内部充氩。

为了节省氩气，可预先在管内贴上水溶性纸，如图 5-25 所示。这样焊接时只要在水溶性纸范围内充氩就可以，焊后也不用拆除，水溶性纸在水压试验时就会被水冲掉。

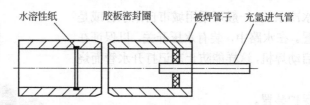

图 5-25　管内充氩保护时水溶性纸的位置

四、钨极

钨极是氩弧焊的一个电极，通常情况下是接电源的负极。钨极材料质量的优劣直接影响焊接质量的高低。

1. 钨极的作用及其要求

（1）钨极的作用。

钨是一种难熔的金属材料，能耐高温，其熔点为 3653～3873K，沸点为 6173K，导电性好，强度高。氩弧焊时，钨极作为电极，起传导电流、引燃电弧和维持电弧正常燃烧的作用。

（2）钨极的要求。

钨极除应具备耐高温、导电性好、强度高外，还应具有很强的发射电子能力（引弧容易，电弧稳定）、电流承载能力大、寿命长、抗污染性好。

钨极必须经过清洗抛光或磨光。清洗抛光指的是在拉拔或锻造加工之后，用化学清洗方法除去表面杂质。对钨极化学成分的要求，见表 5-12。

表 5-12 钨极的种类及化学成分要求

钨极牌号		化学成分（质量分数/%）				特点
		钨	氧化钍	氧化铈	其他元素	
纯钨极	W1	>99.92	—	—	<0.08	熔点和沸点都很高，空载电压要求较高，承载电流能力较小
	W2	>99.85			<0.05	
钍钨极	WTh-7	余量	0.1～0.9	—	<0.15	比纯钨极降低了空载电压，改善了引弧、稳弧性能，增大了电流承载能力，有微量放射性
	WTh-10		1～1.49			
	WTh-15		1.5～2			
	WTh-30		3～3.5			
铈钨极	WCe-5	余量	—	0.5	<0.5	比钍钨极更容易引弧，电极损耗更小，放射性量也低得多，目前应用广泛
	W Ce-13			1.3		
	WCe-20			2		

2. 钨极的种类、牌号及规格

钨极按其化学成分分为纯钨极（牌号是 W1、W2）、钍钨极（牌号是 WTh-7、WTh-10、WTh-15）、铈钨极（牌号是 WCe-20）、锆钨极（牌号为 WZr-15）和镧钨极五种。长度范围为 76～610mm，可用的直径范围一般为 0.5～6.3mm。

（1）钨极的牌号。

钨极的牌号目前没有统一的规定，较流行的一种是根据其化学元素符号及化学成分的平均含量来确定牌号，如图 5-26 所示。

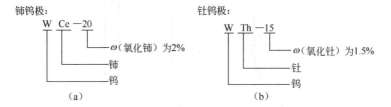

图 5-26 钨极的牌号

（2）钨极的规格。

钨极的长度范围为 76～610mm；常用钨极的直径为 0.5mm、1.0mm、1.6mm、2.0mm、2.5mm、3.2mm、4.0mm、5.0mm、6.3mm、8.0mm 和 10mm 多种。

3. 钨极的载流量

钨极的载流量又称钨极的许用电流。钨极载流量的大小主要由直径、电流种类和极性决定。如果焊接电流超过钨极的许用值时，会使钨极强烈发热、熔化和蒸发，从而引起电弧不稳定，影响焊接质量，导致焊缝产生气孔、夹钨等缺陷；同时焊缝的外形粗糙不整齐。

表 5-13 列出了根据钨极直径推荐的许用电流范围。在焊接过程中，焊接电流不得超过钨极规定的许用电流上限。

表 5-13 根据钨极直径推荐的许用电流范围

钨极直径/mm	直流电流/A				交流电流/A	
	正接（电极-）		反接（电极+）			
	纯钨	加入氧化物的钨	纯钨	加入氧化物的钨	纯钨	加入氧化物的钨
0.5	2～20	2～20	—	—	2～15	2～15
1.0	10～75	10～75	—	—	15～55	15～70
1.6	40～430	60～150	10～20	10～20	45～90	60～125
2.0	75～180	100～200	15～25	15～25	65～125	85～160
2.5	130～230	170～250	17～30	17～30	80～140	120～210
3.2	160～310	225～330	20～35	20～35	150～190	150～250
4.	275～450	350～480	35～50	35～50	180～260	240～350
5	400～625	500～675	50～70	50～70	240～350	330～460
6.3	550～675	650～950	65～100	65～100	300～450	430～575
8.0	—	—	—	—	—	650～830

4. 钨极端头的几何形状

钨极端部形状对焊接电弧燃烧稳定性及焊缝成形影响很大。使用交流电时，钨极端部应磨成半球形；在使用直流电时，钨极端部呈锥形或截头锥形易于高频引燃电弧，并且电弧比较稳定。钨极端部的锥度也影响焊缝的熔深，减小锥角可减小焊道的宽度，增加焊缝的熔深。常用的钨极端头几何形状，如图 5-27 所示。

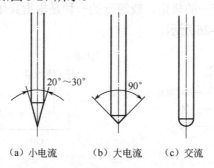

（a）小电流　　（b）大电流　　（c）交流

图 5-27 常用钨极端部几何形状

磨削钨极应采用专用的硬磨料精磨砂轮，应保持钨极磨削后几何形状的均一性。磨削钨极时，应采用密封式或抽风式砂轮机，磨削时应戴好口罩和防护镜。

任务2 手工钨极氩弧焊主要参数的选择

本任务应了解与掌握手工钨极氩弧焊的主要焊接参数选择，应结合实际应用来讲解，并在讲解过程中重点指出不合理参数对焊接质量和效率的影响，以增加学生的理性认知。

一、焊接电流的选择

焊接电流是最重要的参数，随着电流的增大，熔透深度及焊缝宽度有相应的增加，而焊缝高度有所减小。当焊接电流太大时，容易产生烧穿和咬边现象。电流若太小，容易产生未焊透。

焊接电流一般根据焊件厚度来选择。首先可根据电弧情况来判断电流是否选择正常。正常电流时钨极端部呈熔融状的半球形，此时电弧最稳定，焊缝成形良好；当焊接电流过小时，钨极端部电弧单边，此时电弧飘动；当焊接电流过大时，易使钨极端部发热，钨极的熔化部分易脱落到焊接熔池中形成夹钨等缺陷，并且电弧不稳定，焊接质量差，如图5-28所示。

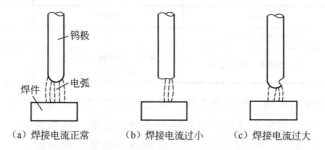

 （a）焊接电流正常 （b）焊接电流过小 （c）焊接电流过大

图5-28　焊接电流和相应电弧特征

不锈钢、耐热钢及铝和铝合金的手工钨极氩弧焊焊接电流选择见表5-14。

表5-14　不锈钢、耐热钢及铝和铝合金的手工钨极氩弧焊焊接电流选择

焊件材料	板材厚度/mm	钨极直径/mm	焊丝直径/mm	焊接电流/A
不锈钢、耐热钢	1	2	1.6	40～70
	1.5			50～85
	2		2	80～130
	3	3		120～140
铝和铝合金	1.5	2	2	70～85
	2	2～3		90～120
	3	3～4		120～130
	4		2.5～3	120～140

二、焊接电源的种类和极性的选择

1. 氩弧焊电流的种类及特点

手工钨极氩弧焊电源可分为直流和交流两种，其特点见表5-15。

表5-15　氩弧焊电流种类及特点

	交流（AC）	直流（DC）	
		正接	反接
图示			
两极热量近似分配	焊件：50% 钨极：50%	焊件：70% 钨极：30%	焊件：30% 钨极：70%

图示	交流（AC）	直流（DC）	
		正接	反接
钨极许用电流	较大	最大	小
熔深	中等	深而窄	浅而宽
阴极清理作用	有（焊件在负半周时）	无	有
选用材料	铝、铝青铜、镁合金等	除铝、铝青铜、镁合金以外其他金属	通常不采用

直流正接即焊件为正极，钨极为负极，是钨极氩弧焊中应用最广的一种形式。它没有去除氧化膜的作用，因此通常不能用于焊接活泼金属，如铝、镁及其合金。其他金属的焊接一般均采用直流正极性接法，因为不存在产生高熔点金属氧化物问题。

直流反接即工件接负极，钨极接电源的正极，它有一种去除氧化膜的作用（俗称"阴极破碎"）。但是，直流反接的热作用对焊接是不利的，因为钨极氩弧焊时阳极热量多于阴极，反极性时电子轰击钨极，放出大量的热，易使钨极烧损，所以，在钨极氩弧焊中直流反极性接法除了焊铝、镁及其合金的薄板外很少采用。

2. 选择方法

焊接电源的种类和极性与被焊金属材料的关系，见表 5-16。

表 5-16　焊接电源种类和极性与被焊金属材料的关系

种类和极性		被焊金属材料
直流电源	正接	低合金高强度钢、不锈钢、耐热钢、铜、钛及其合金
	反接	适用各种金属的熔化极氩弧焊，钨极氩弧焊很少采用
交流电源		铝、镁及其合金

三、钨极直径的选择

钨极直径的选择也要根据焊件厚度和焊接电流的大小来决定。选定好钨极直径后，就具有一定的电流许用值。焊接时，如果超出这个许用值，钨极就会发热、局部熔化或挥发，引起电弧不稳定，产生焊缝夹钨等缺陷。不同电源极性和不同直径钨极的电流许用值可参见表 5-17。

表 5-17 不同电源极性和不同直径钨极的电流许用值（A）

电源极性	钨极直径/mm				
	1	1.5	2.4	3.2	4
直流正接	15～80	70～150	150～250	250～300	400～500
直流反接	—	10～20	15～30	25～40	40～55
交流	20～60	60～120	100～150	160～250	22～320

四、焊接速度

在一定的钨极直径、焊接电流和氩气流量条件下，焊接速度过快，会使保护气流偏离钨极与熔池，影响气体保护效果，易产生未焊透等缺陷。焊接速度过慢时，焊缝易咬边和烧穿。焊枪移动速度对保护效果的影响如图 5-29 所示。

五、电弧电压的选择

电弧电压增加，焊缝厚度减小，熔宽显著增加；随着电弧电压的增加，气体保护效果随之变差。当电弧电压过高时，易产生未焊透、焊缝被氧化和气孔等缺陷，因此，应尽量采用短弧焊，一般为10～24V。

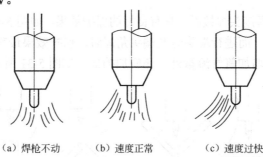

（a）焊枪不动　　（b）速度正常　　（c）速度过快

图5-29　焊枪移动速度对保护效果的影响

六、喷嘴直径和氩气流量的选择

1. 喷嘴直径的选择

喷嘴直径（即内径）越大，保护区范围越大，要求保护气的流量也越大。喷嘴的直径一般随着氩气流量的增加而增加，喷嘴直径可按下式选择：

$$D=(2.5\sim3.5)d_\mathrm{w}$$

式中　D——喷嘴直径或内径（mm）；

$\quad\quad d_\mathrm{w}$——钨极直径（mm）。

> **提　示**
>
> 通常焊枪选定以后，喷嘴直径很少改变，因此实际生产中并不把它当作独立焊接参数来选择。

2. 氩气流量的选择

当喷嘴直径决定以后，决定保护效果的是氩气流量。氩气流量太小时，保护气流软弱无力，保护效果不好。氩气流量太大，容易产生紊流，保护效果也不好。保护气流量合适时，喷出的气流是层流，保护效果好。氩气的流量可按下式计算：

$$Q=(0.8\sim1.2)D$$

式中　Q——氩气流量（L/min）；

$\quad\quad D$——喷嘴直径（mm）。

D小时Q取下限；D大时Q取上限。

实际工作中，通常可根据试焊情况选择流量，流量合适时，保护效果好、熔池平稳，表面明亮没有渣，焊缝外形美观，表面没有氧化痕迹；若流量不合适，保护效果不好，熔池表面上有渣、焊缝表面发黑或有氧化皮。

选择氩气流量时还要考虑以下因素。

① 焊接速度越大，保护气流遇到空气阻力越大，它使保护气体偏向运动的反方向；若

焊接速度过大，将失去保护。因此，在增加焊接速度的同时应相应地增加气体的流量。

> **提 示**
>
> 在有风的地方焊接时，应适当增加氩气流量。一般最好在避风的地方焊接，或采取挡风措施。

② 对接接头和 T 形接头焊接时，具有良好的保护效果，如图 5-30（a）所示。在焊接时，不必采取其他工艺措施；而进行端头焊及端头角焊时，保护效果最差。如图 5-30（b）所示，在焊接这类接头时，除增加氩气流量外，还应加挡板（如图 5-31 所示）。

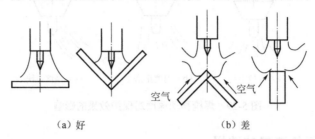

（a）好　　　　　　　　　　　　　　（b）差

图 5-30　氩气的保护效果

七、喷嘴至焊件距离与钨极伸出长度

喷嘴至焊件距离对焊接过程和气体保护效果会产生不同程度的影响，应根据具体的焊接要求来选择。一般可通过测定氩气有效保护区域的直径来判断。

测定方法是采用交流电源在铝板上引弧，焊枪固定不动，电弧燃烧 5～6s 后切断电源。铝板上留下银白色区域，如图 5-32 所示，称为气体有效保护区域或去氧化膜区，直径越大，说明保护效果越好。

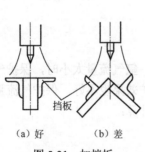

（a）好　　（b）差

图 5-31　加挡板

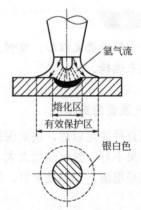

图 5-32　氩气保护效果区域

另外，生产实践中，可通过观察焊缝表面色泽，以及是否有气孔来判定氩气保护效果，见表 5-18。

表 5-18　不锈钢、铝合金焊气体保护效果的判断

焊接材料	最好	良好	较好	差
不锈钢	银白、金黄	蓝色	红色	黑色
铝合金	银白色	白色无光泽	灰白色	黑灰色

一般喷嘴至焊件距离为 5~15mm 为宜。钨极伸出长度一般以 3~4mm 为宜。如果伸出长度增加，喷嘴距焊炬的距离也增大，氩气保护效果也会受到影响。

> **提　示**
>
> 　　合理地选择焊接参数是保证焊接质量、提高生产效率的重要条件，手工钨极氩弧焊的焊接工艺参数对焊接的影响如图 5-33 所示。

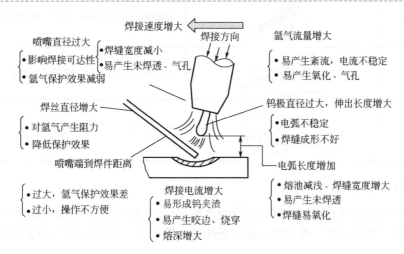

图 5-33　手工钨极氩弧焊的焊接工艺参数对焊接的影响

任务3　手工钨极氩弧焊操作

　　本任务应以示范演示方式进行讲解，使学生对操作技能、技巧举一反三，让学生看透看懂，教学中还可手把手进行焊接操作让学生感受操作要领，最后可结合具体的焊接实例来达到整体技能的掌握。

一、手工钨极氩弧焊的基本操作方法

　　1. 焊枪和焊丝的握持方法

　　（1）焊枪的握持方法。

　　手工钨极氩弧焊时，根据不同的焊枪类型，可采用不同的握持方法，见表 5-19。

表 5-19　手工钨极氩弧焊时焊枪的握持方法

焊枪类型	图示	应用说明
笔式焊枪		100A150A 型焊枪，适用于小电流、薄板焊接
		100~300A 型焊枪，适用于 I 形坡口焊接
T 形焊枪		150~200A 型焊枪，手持晃动小，适宜对焊缝质量要求严格的薄板焊接
		500A 的大型焊枪，多用于大电流、厚板的立焊和仰焊等

（2）焊丝的握持方法。

手工氩弧焊时，根据不同的焊枪类型、焊丝直径、焊缝所处的空间位置等，焊丝的握持方法也有所不同，见表 5-20。

表 5-20　焊丝的握持方法

握持方法	图示	说　明
全握式		大拇指和小指托住焊丝，其余三指握住焊丝
火持式		焊丝置于虎口并夹于中指与无名指之间
		焊丝放在四指上，用大拇指压住

2. 焊丝送进方式

氩弧焊的焊丝送进方式，对保证焊缝的质量有很大的作用。采用哪种送丝方式，与焊件的厚度、焊缝的空间位置、连续送丝还是断续送丝等有关。常用的手工钨极氩弧焊送丝方式见表 5-21。

表 5-21　常用的手工钨极氩弧焊送丝方式

送丝方式	图示	操作说明
连续送丝		用左手的拇指、食指捏住焊丝，并用中指和虎口配合托住焊丝。送丝时，拇指和食指伸直，即可将捏住的焊丝端头送进电弧加热区。然后，再借助中指和虎口托住焊丝，迅速弯曲拇指和食指向上倒换捏住焊丝的位置
		用左手的拇指、食指和中指相互配合送丝。这种送丝方式一般比较平直，手臂动作不大，无名指和小指夹住焊丝，控制送丝的方向，等焊丝即将熔化完时，再向前移动
		焊丝夹在左手大拇指的虎口处，前端夹持在中指和无名指之间，用大拇指来回反复均匀用力，推动焊丝向前送进熔池中，中指和无名指的作用是夹稳焊丝和控制及调节焊接方向
		焊丝在拇指和中指、无名指中间，用拇指捻送焊丝向前连续送进
断续送丝		断续送丝时，送丝的末端始终处于氩气的保护区内，靠手臂和手腕的上、下反复动作，将焊丝端部熔滴一滴一滴地送入熔池内

3. 引弧

引弧的方法主要有高频高压或高压脉冲引弧、接触短路引弧等。

（1）高频高压或高压脉冲引弧。

高频高压或高压脉冲引弧如图 5-34 所示，在焊接开始时，先在钨极与焊件之间保持 3～

5mm 的距离，然后接通控制开关，在高频高压或高压脉冲的作用下，击穿间隙放电，使氩气电离而引燃电弧。这种方法能保证钨极端部完好，钨极损耗小，焊缝质量高。

（2）接触短路引弧。

接触短路引弧如图 5-35 所示，焊前用引弧板、铜板或碳棒与钨极直接接触进行引弧。接触的瞬间产生很大的短路电流，钨极端部容易损坏，但焊接设备简单。

图 5-34　高频高压或高压脉冲引弧

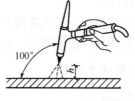

图 5-35　接触短路引弧

提　示

电弧引燃后，焊炬停留在引弧位置处不动，当获得大小不一、明亮清晰的熔池后，即可往熔池填丝，开始焊接。

4. 焊枪的移动方式

手工钨极氩弧焊焊枪的移动方式一般都是直线移动，也有个别情况下做小幅度横向摆动。焊枪的直线移动有直线匀速移动、直线断续移动和直线往复移动三种，见表 5-22。

表 5-22　焊枪移动方式及适用范围

移动方式	图　示	适用范围
直线匀速	⟶	适合不锈钢、耐热钢、高温合金薄钢板焊接
直线断续	停顿点	适合中等厚度 3～6mm 材料的焊接
直线往复		主要用于铝及铝合金薄板材料的小电流焊接

焊枪的横向摆动有圆弧"之"字形摆动、圆弧"之"字形侧移摆动和"r"形摆动三种形式，见表 5-23。

表 5-23　焊枪横向摆动方式及适用范围

横向摆动方式	图　示	适用范围
圆弧"之"字形摆动		适合于大的 T 形角焊缝、厚板搭接角焊缝、Y 形及双 Y 形坡口的对接焊接、有特殊要求需加宽焊缝的焊接
圆弧"之"字形侧移摆动		适合于不平齐的角焊缝、端焊缝、不平齐的角接焊、端接焊
"r"形摆动		适合于厚度相差悬殊的平面对接焊

5. 焊丝的填充位置

（1）外填丝法。

电弧在管壁外侧燃烧，焊丝从坡口一侧添加。焊接过程中，焊丝连续地送入熔池，稍做横向摆动。

（2）内填丝法。

内填丝法是电弧在管壁外侧燃烧，焊丝从坡口间隙伸入管内，向熔池送入的操作方法。

外填丝法与内填丝法相比较，间隙小，所以焊接速度快，填充金属少，操作者容易掌握；而内填丝法适合于操作困难的焊接位置。

（3）依丝法。

将焊丝弯成弧形，紧贴在坡口间隙处，电弧同时熔化坡口的钝边和焊丝。依丝法送丝要熟练，速度要均匀，快慢适当。过快，焊缝堆积过高；过慢，焊缝凹陷或咬边。

6. 焊丝的续进手法

（1）指续法。

这种方法应选用 500mm 以上较长焊缝的焊接。操作方法是将焊丝夹持在大拇指与食指、中指的中间，靠中指和无名指起撑托和导轨作用，当大拇指捻动焊丝向前移动，同时食指往后移动，然后大拇指迅速地摩擦焊丝表面向前移动到食指的地方，大拇指再捻动焊丝向前移动，如此反复动作，将焊丝不断加入熔池中；也有将焊丝夹在大拇指、中指和食指、无名指中间，焊丝靠大拇指、食指同时往统一方向移动，将焊丝送入熔池中，而中指和无名指起着托住和夹持焊丝的作用。在长焊缝和环形焊缝焊接时，采用指续法最好添加一个焊丝架，将焊丝支撑住，以方便操作。

（2）手动法。

手动法应用得较普遍。其操作方法是：焊丝夹在大拇指与食指、中指的中间，手指不动，只起到夹持作用，靠手或小臂沿焊缝前、后移动，手腕做上、下反复动作，将焊丝加入熔池中。手动法加丝时，按焊丝加入熔池方式可分为四种，见表5-24。

表 5-24　手动法加丝的方式

方式	图示	操作说明	适用范围
压入法		拿焊丝的手稍向下用力，使焊丝末端紧靠在熔池边缘上	适合于焊接 500mm 以上的长焊缝
续入法		将焊丝末端伸入熔池中，手往前移动，把焊丝连续和断续加入熔池中	适用于较细焊丝及焊加强焊缝和对接间隙大的焊件，但一般操作不当，将使焊缝成形不良，故对质量要求高的焊缝尽量不采用
点移法		手腕上、下反复动作和手往后慢慢移动，将焊丝加入熔池中	常用于减薄形焊缝的操作
点滴法		焊丝靠手的上、下反复点入动作，将熔滴滴入熔池中。因为拿焊丝的手做上、下往复动作，当焊丝抬起时，靠电弧的作用，将熔池表面的氧化膜充分排除掉，减少非金属夹渣的产生	应用较广泛

7. 双面同时焊接法

当焊接对称焊缝或中等厚度的垂直立焊时,可以采用双人操作法,如图 5-36 所示。

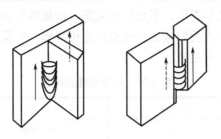

图 5-36 双人操作法示意图

双人同时焊接法的具体操作是两个焊工在对称位置,向着相同方向,同时由下向上焊接操作。这种操作法可增快焊接速度,提高焊接生产率,并能获得窄而均匀的焊道,同时也能减少边缘坡口的准备。因此,在条件允许时情况下,特别是焊接有色金属时,可以采用双人操作,获得质量高的焊缝,外形美观,又可减少修磨焊缝的工作量。

8. 接头和收弧

(1)接头。

焊接时,一条焊缝最好一次焊完,中间不停顿。当长焊缝或中间更换焊丝、修磨钨极必须停弧时,重新起弧点要在与焊缝重叠 20～30mm 处引弧,熔池要注意熔透,然后再向前进行焊接。重叠处不加焊丝或少加焊丝,以保证焊缝的宽度一致,到了原熄弧处,再加入适量焊丝,进行正常焊接。

焊缝接头处要尽量减少接头,可采用不停弧的热接法,即当需要变换焊丝位置时,先将焊丝末端和熔池相接触,同时将电弧稍向后移,或引向坡口的一边。待焊接熔池凝固与焊丝黏在一起的瞬间,迅速变换焊丝位置。完成这一动作后,将电弧立即恢复原位,继续焊接。采用这种方法既能保证焊接接头质量,又可提高生产效率。

在焊接过程中,由于位置变换,必须要停弧,从而出现焊缝相交的接头,一般情况下需将接头处修磨成斜坡,不留有死角,熔池要熔透接头根部,保证接头质量。

(2)收弧。

焊接终止时收弧不好会造成较大的弧坑或缩孔,甚至出现裂纹。常用的收弧方法见表 5-25。

表 5-25 常用的收弧方法

方法	说　明
增加焊速法	焊炬前移速度在焊接终止时要逐渐加快,焊丝给进量逐渐减少,直至焊件不熔化时为止。焊缝从宽到窄,此法简易可行,效果良好,但焊工技术要较熟练才行
焊缝增高法	与增加焊速法相反,焊接终止时,焊接速度减慢,焊炬向后倾斜角度加大,焊丝送进量增加,当熔池因温度过高,不能维持焊缝增高量时,可停弧再引弧,使熔池在不停止氩气保护的环境中,不断凝固,不断增高而填满弧坑
电流衰减法	焊接终止时,将焊接电流逐渐减小,从而使熔池逐渐缩小,达到与增加焊速法相似的效果。如用旋转式直流焊机,在焊接终止时,切断交流电动机的电源,直流发电机的旋转速度逐渐降低,焊接电流也跟着减弱,从而达到衰减的目的
应用收弧板法	将收弧熔池引到与焊件相连的另一块板上去。焊完后,将收弧板割掉。这种方法适用于平板的焊接

9. 定位焊

为防止焊接时工件受热膨胀引起变形，必须保证定位焊缝的间距，可按表 5-26 选择。定位焊缝是焊缝的一部分，必须焊牢，不允许有缺陷，如果该焊缝要求单面焊双面成形，则定位焊缝必须焊透。必须按正式的焊接工艺要求焊定位焊缝，如果正式焊缝要求预热、缓冷，则定位焊前也要预热，焊后要缓冷。

表 5-26 定位焊缝的间距

板厚/mm	0.5～0.8	1～2	>2
定位焊缝的间距/mm	≈20	50～100	≈200

定位焊缝不能太高，以免焊接到定位焊缝处接头困难，如果碰到这种情况，最好将定位焊缝磨低些，两端磨成斜坡，以便焊接时好接头。如果定位焊缝上发现裂纹、气孔等缺陷，应将该段定位焊缝打磨掉重焊，不允许用重熔的办法修补。

二、各种位置焊接操作要领

1. 平板焊接

（1）平敷焊接。

焊接时，焊枪和焊丝的操作要领如图 5-37 所示。电弧引燃后，应使焊枪的轴线与焊件表面的夹角约成 75°，并将电弧做环向移动，直到形成所要求的熔池，然后再做横向摆动，使焊缝达到必需的宽度。添加填充焊丝时，要求填充焊丝相对于焊件表面倾斜 15°，并缓慢地向焊接熔池送，填充焊丝切勿与钨极接触，否则焊丝会被钨极沾染，进入熔池后形成夹钨。

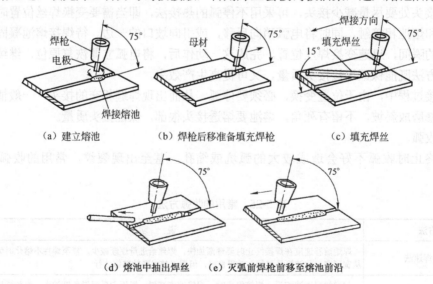

（a）建立熔池   （b）焊枪后移准备填充焊枪   （c）填充焊丝

（d）熔池中抽出焊丝   （e）灭弧前焊枪前移至熔池前沿

图 5-37 焊枪和焊丝的操作要领

采用电流衰减法进行收弧。即用焊枪手把上的按钮断续送电，使弧坑填满，也可在焊机的焊接电流调节电位器上接出一个脚踏开关，收尾时逐步断开开关。

（2）I 形坡口对接焊。

根据焊件的厚度，采取 I 形坡口对接，不留间隙组对，定位焊时先焊焊件两端，然后在中间加定位焊点。定位焊可以不添加焊丝，直接利用母材的熔合进行定位。也可以添加焊丝进行定位焊，但必须待焊件边缘熔化形成熔池再加入焊线，定位焊缝宽度应小于最终焊缝宽度。定位焊之后，必须校正焊件保证不错边，并作适当的反变形，以减小焊后变形。

焊接过程尽可能少中断，采用短弧焊接；加热时间要短，焊接速度要快，要控制层间温度。操作时采用左焊法，焊丝、焊枪与焊件之间角度如图5-38所示，钨极伸出长度以3～4mm为宜，起焊时电弧在起焊处稍停片刻，用焊丝迅速触及焊接部位进行试探，感觉到该部位变软开始熔化时，立即添加焊丝，焊丝的添加和焊枪的运行动作要配合协调。焊枪应平稳而均匀地向前移动，并保持适当的电弧长度。焊丝端部位于钨极前下方，不可触及钨极。钨极端部要对准焊件接口的中心线，防止焊缝偏移和熔合不良，焊丝端部的往复送丝运动应始终在氩气保护区范围内，以免氧化。

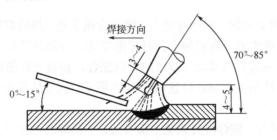

图5-38　焊丝、焊枪与焊件之间角度

焊接过程中，若局部接口间隙较大时，应快速向熔池添加焊丝，然后移动焊枪。如果发现有下沉趋向时，必须断电熄弧片刻，再重新引弧继续焊接。收弧时，要多送一些焊丝填满弧坑，防止发生弧坑裂纹。

（3）V形坡口对接焊。

平板的V形坡口对接是氩弧焊中常用的焊接手段，主要包括对接平焊、对接向上立焊、对接横焊和对接仰焊。

① V形坡口对接平焊。钨极端部磨成30°圆锥形，如图5-39所示。用角向磨光机打磨掉待焊区的油、锈及其他污物，直至露出金属本身光泽为止，打磨范围如图5-40所示。

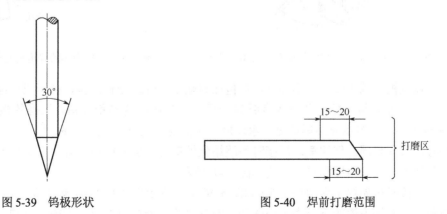

图5-39　钨极形状　　　　　　　　　　　图5-40　焊前打磨范围

定位焊缝位于试板的两端，长度$l \leq 15$mm，必须焊透，不允许有缺陷。如定位焊缝有缺陷，必须将有缺陷的定位焊缝磨掉后重焊，不允许用重熔的办法来处理定位焊缝上的缺陷。

平焊是最容易的焊接位置，采用如图5-41所示的持枪方法。焊枪角度与填丝位置，如图5-42所示。

图 5-41 持枪方法

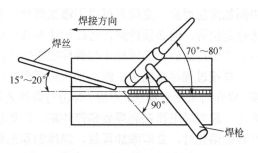

图 5-42 焊枪角度与填丝位置

焊接时焊道的分布按三层三道进行；试板位置应固定在水平位置，间隙小的一端放在右侧。

② V形坡口对接向上立焊。立焊难度大，熔池金属下坠，焊缝成形不好，易出现焊瘤和咬边，应选用偏小的焊接电流，焊枪做上凸月牙形摆动，并随时调整焊枪角度来控制熔池的凝固。避免铁液下流，通过焊枪移动与填丝的有机配合，获得良好的焊缝成形。

对接向上立焊的焊枪角度与填丝位置如图 5-43 所示。试板位置应固定在垂直位置，其小间隙的一端放在最下面。

③ V形坡口对接横焊。横焊时要避免上部咬边，下部焊道凸出下坠，电弧热量要偏向坡口下部，防止上部坡口过热，母材熔化过多。焊道分布为三层四道，用右焊法。试板垂直固定，坡口在水平位置，其小间隙的一端放在右侧。焊接打底层时要保证根部焊透，坡口两侧熔合良好。对接横焊的焊枪角度和填丝位置如图 5-44 所示。

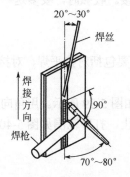

图 5-43 对接向上立焊的焊枪角度与填丝位置

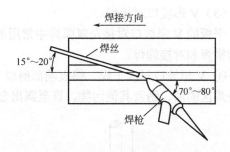

图 5-44 对接横焊的焊枪角度和填丝位置

在试板右端引弧，先不加丝，焊枪在右端定位焊缝处稍停留，待形成熔池和熔孔后，再填丝并向左焊接。焊枪做小幅度锯齿形摆动，在坡口两侧稍停留。正确的横焊加丝位置如图 5-45 所示。焊填充层焊道时，除焊枪摆动幅度稍大外，焊接顺序、焊枪角度、填丝位置都与打底层焊相同。但注意，焊接时不能熔化坡口上表面的棱边。焊盖面层焊道时，盖面层有两条焊道，焊枪角度和对中位置如图 5-46 所示。

焊接时可先焊下面的焊道 3（如图 5-46），后焊上面的焊道 4。焊下面的盖面层焊道 3 时，电弧以填充层焊道的下沿为中心摆动，使熔池的上沿在填充层焊道的 1/2～2/3 处，熔池的下沿超过坡口下棱边 0.5～1.5mm。焊上面的焊道 4 时，电弧以填充层焊道上沿为中心摆动，使熔池的上沿超过坡口上棱边 0.5～1.5mm，熔池的下沿与下面的盖面层焊道均匀过渡。保证盖面层焊道表面平整。

④ V形坡口对接仰焊。因熔池和焊丝熔化后在重力作用下下坠比立焊严重得多，所以需

控制好焊接热输入和冷却速度，采用较小的焊接电流，较大的焊接速度，加大氩气流量，使熔池尽可能小，凝固尽可能快，以保证焊缝外形美观。

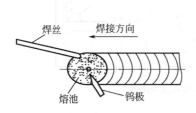

图 5-45　正确的横焊加丝位置

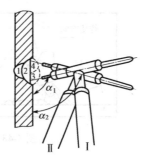

图 5-46　对接横焊盖面层的焊枪角度与对中位置

焊道同样三层三道将试板固定在水平位置，坡口朝下，其间隙小的一端放在右侧。第一层打底层焊接时焊枪角度如图 5-47 所示。在试板右端定位焊缝上引弧，先不填丝，待形成熔池和熔孔后，开始填丝并向左焊接。焊接时要压低电弧，焊枪做小幅度锯齿形摆动，在坡口两侧稍停留，熔池不能太大，防止熔融金属下坠。焊缝接头时可在弧坑右侧 15～20mm 处引燃电弧，迅速将电弧左移至弧坑处加热，待原弧坑熔化后，开始填丝转入正常焊接。焊至试板左端收弧，填满弧坑后灭弧，待熔池冷却后再移开焊枪。

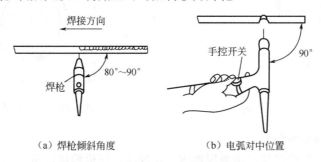

（a）焊枪倾斜角度　　　　　（b）电弧对中位置

图 5-47　对接仰焊打底层的焊枪角度

第二层填充层焊焊接步骤与打底层焊相同，但摆动幅度稍大，保证坡口两侧熔合好，焊道表面平整，离试板表面约 1mm，不准熔化棱边。第三层盖面层焊枪摆幅加大，使熔池两侧超过坡口棱边 0.5～1.5mm，熔合好，成形好，无缺陷。

（4）薄板平角焊。

薄板平角焊焊枪和焊丝的角度如图 5-48 所示。进行内平角焊时，由于液体金属多流向水平面，很容易使垂直面产生咬边。因此焊枪与水平板夹角应大些，一般薄板平角焊焊枪和焊丝的角度为 45°。钨极端部偏向水平面，使熔池温度均匀。焊丝与水平面夹角为 10°～15°。焊丝端部应偏向垂直板，若两焊件厚度不相同时，焊枪应偏向厚板一边。在焊接过程中，要求焊枪运行平稳，送丝均匀，保持焊接电弧稳定燃烧，以保证焊接质量。

当焊丝用完或因其他原因停止焊接需要停弧时，先停止焊丝，同时松开焊枪上的按钮开关，利用焊机上的电流衰减控制功能，保持喷嘴高度不变，待电弧熄灭、熔池冷却后再移开焊枪和焊丝，防止弧坑、焊道及焊丝端部高温氧化。

接头时引弧的位置在原弧坑后面 10～15mm 处，重叠处一般不加或少加焊丝。当焊接到焊件左侧末端，应先减小焊枪角度，使电弧热量集中在焊丝上，加大焊丝熔化量，填满弧坑。

然后切断控制开关，焊接电流开始衰减，熔池随之不断缩小，此时将焊丝抽离熔池，但绝不能使焊丝脱离氩气保护区，待氩气延时 3～5s 后，移开焊枪和焊丝。

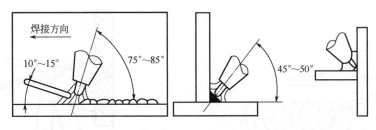

图 5-48　薄板平角焊焊枪和焊丝的角度

2. 管板焊接

管板焊接时钨极端部打磨成圆锥形，如图 5-49 所示。先采用定位焊，如图 5-50 所示，3 处定位焊缝均布于管子外圆周上。

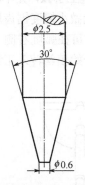

图 5-49　钨极打磨形状

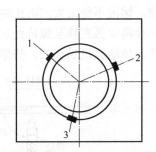

图 5-50　定位焊缝的位置

（1）管板垂直固定俯焊。

管板垂直固定俯焊的焊接采用单层单道，左焊法。管板俯焊焊枪倾斜角度和电弧的对中位置如图 5-51 所示。

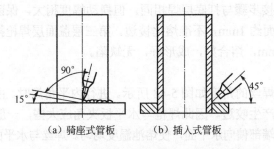

（a）骑座式管板　　　　（b）插入式管板

图 5-51　管板俯焊焊枪倾斜角度和电弧的对中位置

焊接时应先调整钨极伸出长度，钨极伸出长度的调整方法，如图 5-52 所示。然后在试件右侧的定位焊缝上引燃电弧，先不加焊丝，引燃电弧后，焊枪稍摆动，待定位焊缝开始熔化并形成明亮的熔池后，开始加焊丝，并向左焊接。在焊接过程中，电弧应以管子与孔板的顶角为中心开始横向摆动，摆动幅度要适当，使焊脚均匀，注意观看熔池两侧和前方，当管子和孔板熔化的宽度基本相等时，焊脚尺寸就是对称的。为了防止管子咬边，电弧可稍离开管壁，从熔池前上方填加焊丝，使电弧的热量偏向孔板。

注意焊缝接头应在原收弧处右侧 15～20mm 的焊缝上引弧，引燃电弧后，将电弧迅速左移到原收弧处，先不加焊丝，待需要接头处熔化形成熔池后，开始加焊丝，按正常速度焊接。待一圈焊缝快焊完时停止送丝，待原来的焊缝金属熔化，与熔池连成一体后再加焊丝，填满弧坑后断弧。

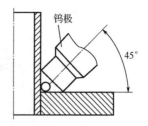

图 5-52　调整钨极伸出长度

（2）管板垂直固定仰焊。

管板垂直固定仰焊时需严格控制焊接热输入和冷却速度。焊接电流稍小些，焊接速度稍快，送丝频率加快，但要减少送丝量，氩气流量适当加大，焊接时尽量压低电弧。焊缝采用二层三道，左焊法。

第一层打底层。焊打底层焊道应保证顶角处的熔深，仰焊打底层焊枪的倾斜角度和电弧对中位置如图 5-53 所示。

第二层盖面层。盖面层焊缝有两条焊道，仰焊盖面层焊枪的倾斜角度和电弧的对中位置如图 5-54 所示。先焊下面的焊道，后焊上面的焊道。

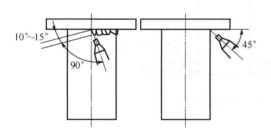
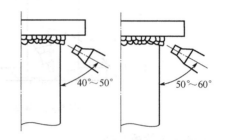

图 5-53　仰焊打底层焊枪的倾斜角度和电弧对中位置　　图 5-54　仰焊盖面层焊枪的角度与对中位置

第三层盖面焊。焊接方法要领与焊打底层焊道相同。

（3）管板水平固定全位置焊。

管板水平固定全位置焊采用两层两道。每层焊缝都分成前、后两半圈，依次焊接，一条定位焊缝在时钟 7 点处。

第一层打底层。将试件管子轴线固定在水平位置，时钟 0 点位置处在正上方。管板全位置焊的焊枪倾斜角度和电弧对中位置如图 5-55 所示。在时钟 7 点位置处左侧 10～20mm 处引燃电弧后，迅速退到定位焊缝上，先不加焊丝，待定位焊缝处熔化形成熔池后，开始加焊丝，并按顺时针方向焊至时钟 11 点处。

然后从时钟 6 点位置处引弧，先不加焊丝，电弧按逆时针方向移到焊缝端部预热，待焊缝端部熔化形成熔池后，加焊丝，按逆时针方向焊至时钟 11 点位置处左侧，停止送丝，待焊缝熔化时加丝，焊接完打底层焊道的最后一个封闭接头。

第二层盖面层。按焊打底层焊道的顺序焊完盖面层焊道，焊接时焊枪摆幅稍宽，保证焊脚尺寸符合要求。

（4）管板水平转动俯焊。

先将管子插在孔板中间，保证管子端面和孔板下平面齐平，管子与孔板间隙沿圆周方向均匀分布。焊 3 条定位焊缝，每条长 10～15mm，尽可能小，必须焊牢，不允许有缺陷，沿圆周方向均匀分布。然后按要求将管子轴线与水平面垂直，孔板放在水平面上，要保证管板接头焊接区背面悬空，背面焊道能自由成形，电接触可靠，能可靠引弧和燃弧。采用左焊法，俯焊焊枪角度与电弧对中位置如图 5-56 所示。

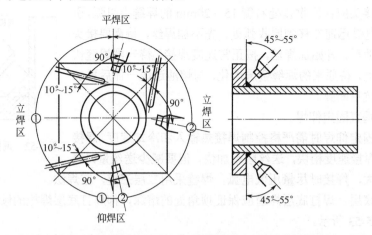

图 5-55 管板全位置焊的焊枪仰斜角度与对中位置

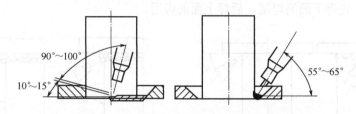

图 5-56 俯焊焊枪角度与电弧对中位置

（5）骑座式管板对接。

骑座式管板焊接既要保证单面焊双面成形，又要保证焊缝正面均匀美观，焊脚尺寸对称，再加上管壁薄，孔板厚，坡口两侧导热情况不同，需控制热量分布，增加了焊接难度。通常都靠打底层焊保证焊缝背面成形，靠填充层和盖面层焊保证焊脚尺寸和外观质量。

① 管板垂直固定俯焊。管板垂直固定俯焊采用两层两道，左焊法。管板俯焊焊枪的角度与电弧对中位置如图 5-57 所示。

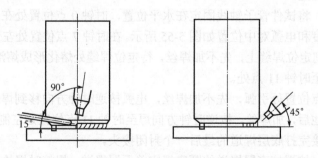

图 5-57 管板俯焊焊枪的角度与电弧对中位置

② 管板垂直固定仰焊。焊接时，管子的坡口可托住熔池，有点像横焊，但比横焊难焊。焊接为两层三道。

第一层打底层。仰焊打底层焊接时焊枪角度与电弧对中位置如图 5-58 所示。焊接时，将试件在垂直仰位处固定好，一个定位焊缝在最右侧。

第二层盖面层。盖面层有两条焊道，先焊下面的焊道，后焊上面的焊道。仰焊盖面层焊的焊枪角度与电弧对中位置，如图 5-59 所示。

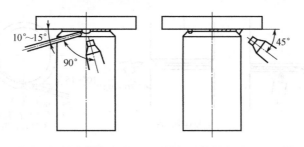

图 5-58　仰焊打底层焊接时的焊枪角度与电弧对中位置

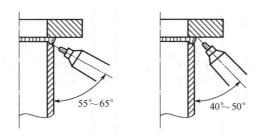

图 5-59　仰焊盖面层焊的焊枪角度与电弧对中位置

3. 管子对接

（1）小径管水平转动对接焊。

定位焊缝可只焊一处，位于时钟 6 点位置处，保证该处间隙为 2mm。采用两层两道焊，焊枪倾斜角度与电弧对中位置如图 5-60 所示。

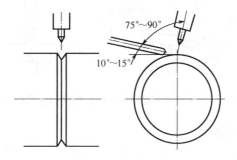

图 5-60　焊枪倾斜角度与电弧对中位置

（2）小径管垂直固定对接焊。

定位焊缝可只焊一处，保证该处间隙为 2mm，与它相隔 180°处间隙为 1.5mm，将管子轴线固定在垂直位置，其间隙小的一侧在右边。采用两层三道焊，盖面层焊上下两道。

第一层打底层。打底层焊接时焊枪倾斜角度和电弧对中位置如图 5-61 所示。

第二层盖面层。盖面层焊缝由上、下两道组成，先焊下面的焊道，后焊上面的焊道，盖面层焊道焊枪角度和电弧对中位置如图 5-62 所示。

（3）小径管水平固定全位置焊。

将管子焊缝按时钟位置分成左、右两半圈，定位焊缝可只焊一处，位于时钟 0 点位置，保证该处间隙为 2mm，6 点处间隙为 1.5mm 左右。采用两层两道焊，小径管全位置焊焊枪倾斜角度和电弧对中位置如图 5-63 所示。

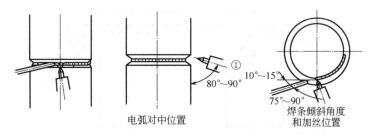

电弧对中位置

焊条倾斜角度
和加丝位置

图 5-61　打底层焊接时焊枪的倾斜角度和电弧对中位置

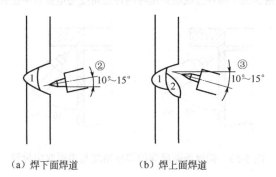

（a）焊下面焊道　　　　（b）焊上面焊道

图 5-62　盖面层焊道焊枪的角度与电弧对中位置

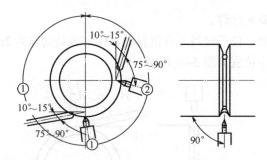

图 5-63　小径管全位置焊焊枪倾斜角度和电弧对中位置

（4）大径管水平转动对接焊。

定位焊缝 3 处，每处长 10～15mm，管子水平放置，一个定位焊缝在右侧，保证上面的间隙为 3mm，下面的间隙为 4mm。焊枪的倾斜角度与电弧对中位置如图 5-60 所示。

（5）大径管垂直固定对接焊。

定位焊缝 3 处，每处长 10～15mm，管子垂直固定，一个定位焊缝在右侧，保证前面的间隙为 3mm，后面的间隙为 4mm。管子轴线固定在垂直位置。垂直固定对接焊焊枪倾斜角度和电弧对中位置如图 5-63 所示。

（6）大径管水平固定全位置焊。

将大管径焊缝按时钟位置分成左、右两半圈进行焊接。定位 3 处均匀焊缝，1 处在时钟 7 点位置处，保证时钟 6 点处间隙为 3mm，时钟 0 点处间隙为 4mm。

固定后轴线在水平位置。焊枪倾斜角度和电弧对中位置如图 5-63 所示。先按逆时钟方向焊前半圈。在时钟 7 点位置处定位焊缝上引燃电弧，先不加焊丝，待定位焊缝右端熔化，形成熔池熔孔后，从熔池后从左向右送进焊丝，当焊丝端部熔化，形成小熔滴，立即送入熔池。

焊至时钟 4 点半位置处，可改变焊枪角度和送丝位置，焊丝改从熔池前沿送入。

（7）大径管 45°固定全位置焊。

和水平固定全位置焊一样，将焊缝按时钟位置分成两半圈，进行焊接定位 3 处均匀焊缝，每处长 10～15mm，一处在时钟 7 点位置处，保证时钟 6 点处间隙为 3mm，时钟 0 点处间隙为 4mm。

将管子轴线与水平面成 45°固定好。分左、右两半圈焊接打底层焊道。焊枪倾斜角度与加丝位置、电弧对中位置的相对关系如图 5-63 所示。焊接时，焊枪倾斜角度，加丝位置及电弧对中位置，必须跟随坡口中心线水平移动，焊接步骤，要领与水平固定大径管全位置焊相同。焊枪在水平方向摆动，焊缝的鱼鳞纹和管子轴线成 45°。

三、手工钨极氩弧焊应用操作

1. 铝合金薄板对接平焊

铝合金薄板对接平焊图样如图 5-64 所示。

铝合金薄板对接平焊操作方法与步骤如下。

① 采用 V 形坡口对（铝板一侧加工出 30°坡口），锉钝边 1mm，并清除坡口面及其端部内外表面 20mm 范围内的油污、铁锈、水分与其他污物，至露出金属光泽。

② 先焊焊件两端，然后在中间加定位焊点（定位焊时也可不填加焊丝，直接利用母材的熔合进行定位），要求保证不错边，并做适当的反变形，以减小焊后变形。

③ 打底焊时选用 70～90A 焊接电流，焊枪与焊件表面成约 70°～85°的夹角，填充焊丝与焊件表面以 10°～15°为宜，如图 5-65 所示，采用左焊法焊接。

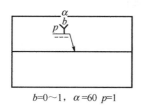

$b=0\sim1$, $\alpha=60$ $p=1$

图 5-64　铝合金薄板对接平焊图样

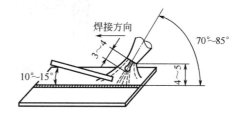

图 5-65　焊枪与焊件表面的夹角

④ 盖面焊时选用焊接电流 100～120A，选择比打底焊时稍大些的钨极直径和焊丝。焊丝与焊件间的角度尽量减小，送丝速度相对快些。焊枪做小锯齿形摆动并在坡口两侧稍作停留。熔池超过坡口棱边 0.5～1mm 即可。

2. 小直径薄壁铝合金管垂直固定焊

小直径薄壁铝合金管垂直固定焊图样如图 5-66 所示。

小直径薄壁铝合金管垂直固定焊操作方法与步骤如下。

① 管子开 V 形坡口（60°），锉钝边 1mm，并清除坡口面及其端部内外表面 20mm 范围内的油污、铁锈、水分与其他污物，至露出金属光泽。

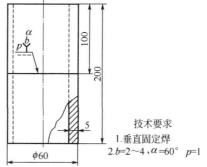

技术要求
1. 垂直固定焊
2. $b=2\sim4$, $\alpha=60°$ $p=1$

图 5-66　小直径薄壁铝合金管垂直固定焊图样

② 将两段管件放在 V 形槽中，留出间隙，并保证相互同心进行定位焊，定位焊缝 4 处，焊缝长度 5～8mm，如图 5-67 所示。定位焊后用角向砂轮将定位焊缝修成斜坡状。

③ 将组对好的焊件垂直固定在焊接工件台上（以间隙小的一侧作为始焊处），将焊枪喷嘴下端斜靠在下坡口边缘棱角上，钨极端头与焊件表面的距离为 2mm 左右，启动焊枪开关，引燃电弧，开始施焊，如图 5-68 所示。

图 5-67　定位焊

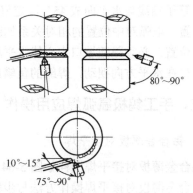

图 5-68　打底焊

④ 盖面焊缝由上、下两条道组成。焊枪的角度为 10°～15°，焊接电流为 110～120A，先焊下面的焊道，后焊上面的焊道，完成盖面焊，如图 5-69 所示。

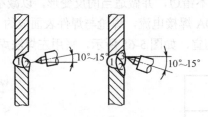

图 5-69　盖面焊